Adams/Kiederich · Systemanalyse

Klaus Adams / Klaus Kiederich

Systemanalyse

Arbeitstechniken der EDV-Organisation

Westdeutscher Verlag Opladen 1973

ISBN-13: 978-3-531-11153-7 e-ISBN-13: 978-3-322-89375-8
DOI: 10.1007/978-3-322-89375-8

Softcover reprint of the hardcover 1st edition 1973

Gesamtherstellung: Dr. Friedrich Middelhauve GmbH Opladen
Schutzumschlag von Hanswerner Klein Opladen

Vorwort

In den letzten Jahren ist das Wissen um die elektronische Datenverarbeitung unter anderem durch den »Fernkurs im Medienverbund«, den »Schlüssel zum Computer« und eine Reihe weiterer Lehrbücher sowohl den interessierten Laien als auch den Fachleuten in Betrieb und Verwaltung in größerem Umfang bekanntgemacht worden.
Inzwischen hat sich gezeigt, daß über den Bedarf an einführenden Werken hinaus ein ständig zunehmendes Interesse an solchen Lehrbüchern vorhanden ist, in denen die der Programmierung vorausgehenden, organisatorischen Probleme dargestellt werden. Die Fragen bewegen sich mehr und mehr in Richtung auf eine Beschreibung der Vorgehensweise bei EDV-Projekten, durch die Schritt für Schritt der Weg aufgezeigt wird, welcher bei der Umstellung von einzelnen Aufgaben oder Arbeiten auf die elektronische Datenverarbeitung zu durchlaufen ist.
Das vorliegende Buch beschäftigt sich mit der Planung und Durchführung eines beliebigen EDV-Projektes von der Ist-Analyse über den Entwurf und die Ausarbeitung des Soll-Konzeptes bis zur Systemeinführung. Neben der Festlegung der Anforderungen an die EDV-Anlage gemäß der jeweils vorliegenden Aufgabenstellung und der Belegung der Speicher wurde besonderes Gewicht auf den in der Praxis bedeutenden Fragenkreis der Wirtschaftlichkeit gelegt.
Dabei wendet sich das Buch vor allem an den folgenden Personenkreis:
1. Mitarbeiter in Industrie- und Handelsunternehmen, die mit der Umstellung der Organisation auf EDV befaßt sind:
Systemanalytiker, Organisatoren, Betriebswirte.
2. Studenten der Informatik und der Betriebswirtschaftslehre, speziell zum Gebrauch neben Vorlesungen über EDV und über Organisation.
3. Mitarbeiter in EDV-Abteilungen, die eine berufliche Fortbildung anstreben: Programmierer, Operatoren.
Wir hoffen, daß der angesprochene Personenkreis die vorliegende Veröffentlichung gewinnbringend verwenden kann.

Die Verfasser

Inhalt

1. Theoretische Grundlagen der Systemanalyse

Der technische Fortschritt hat die Anwendungsmöglichkeiten der elektronischen Datenverarbeitung in den letzten Jahren wesentlich vergrößert. Wirtschaftlichkeitsüberlegungen zwangen die EDV-Anwender dazu, diese Möglichkeiten auszuschöpfen. Anwendungstechnisch bedeutet das den Übergang von der isolierten Massendatenverarbeitung, beispielsweise im Rechnungswesen, zur integrierten Datenverarbeitung. Diese ist dadurch charakterisiert, daß alle Datenverarbeitungsaufgaben in eine geschlossene Gesamtkonzeption eingebettet sind. Eine solche Konzeption bildet die Grundlage für ein entscheidungsorientiertes Informationssystem des Unternehmens. Empirische Untersuchungen über den Einsatz von elektronischen Rechenanlagen haben gezeigt, daß in derartigen computerunterstützten, entscheidungsorientierten Informationssystemen die Rentabilität des Computereinsatzes gegenüber den traditionellen Anwendungen im Rechnungswesen vervielfacht werden kann.

Die Planung der EDV-Organisation hat daher davon auszugehen, daß das Unternehmen als ein komplexes System begriffen und analysiert werden muß. Das methodische Konzept hierzu wird von der Systemtheorie geliefert; sie befaßt sich allgemein mit den formalen Strukturen und Verhaltensweisen von Systemen.

Ein System wird definiert als eine Menge von Elementen, zwischen denen bestimmte Beziehungen bestehen und die ein gemeinsames Ziel verfolgen. Als Beispiele für Systeme können angeführt werden: Fahrrad, Planetensystem, Gehirn, Unternehmen usw. So verschiedenartig diese Systeme auch sind, stets werden miteinander in Beziehung stehende Teile erfaßt, die in gewisser Hinsicht ein in sich abgeschlossenes Ganzes bilden.

Die Unterschiedlichkeit der einzelnen Systeme legt eine Klasseneinteilung nahe. Als Kriterien hierfür dienen:

- die zeitliche Veränderlichkeit
  statische Systeme
  dynamische Systeme
- der Beziehungsreichtum zwischen den Elementen
  einfache Systeme
  komplexe Systeme
- die Beziehungen zur Umwelt
  geschlossene Systeme
  offene Systeme

- die Möglichkeiten gegenseitiger Beeinflussung der Elemente
  Steuerungssysteme
  Regelungssysteme
- die Vorherbestimmbarkeit des Verhaltens
  deterministische Systeme
  probabilistische Systeme
- die Lernfähigkeit
  adaptive Systeme
  nichtadaptive Systeme
- die Existenzform
  konkrete Systeme
  abstrakte Systeme.

Der Grundgedanke der Systemtheorie besteht darin, weniger die einzelnen Elemente eines Ganzen zu betrachten, als vielmehr die Beziehungen dieser Elemente zueinander.

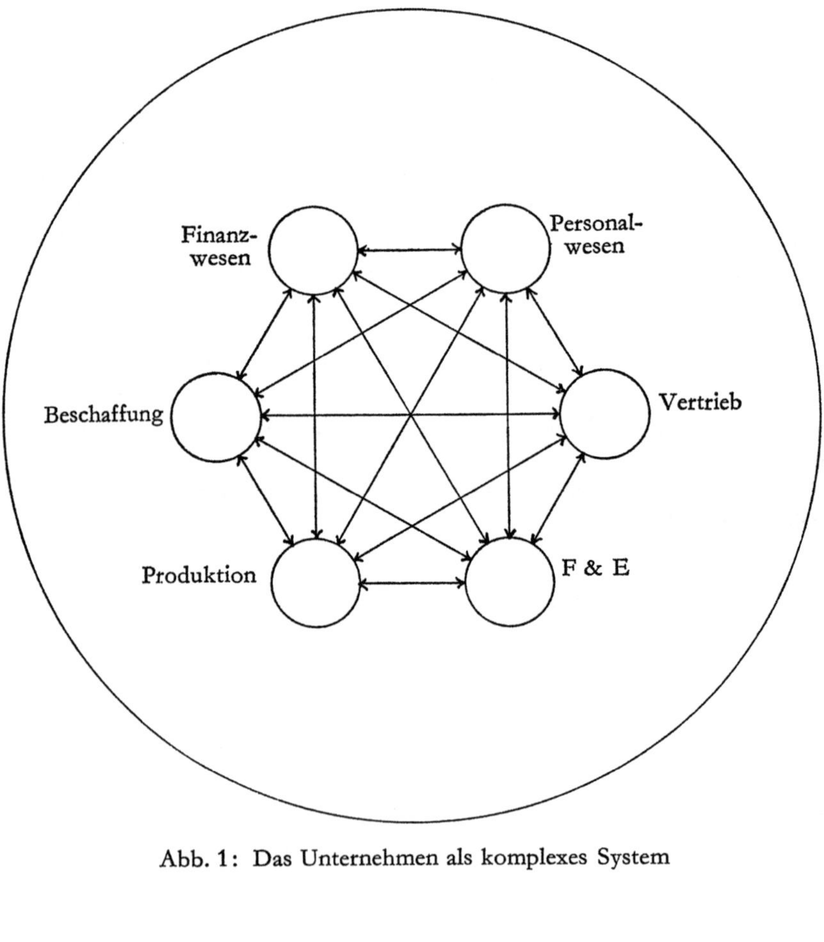

Abb. 1: Das Unternehmen als komplexes System

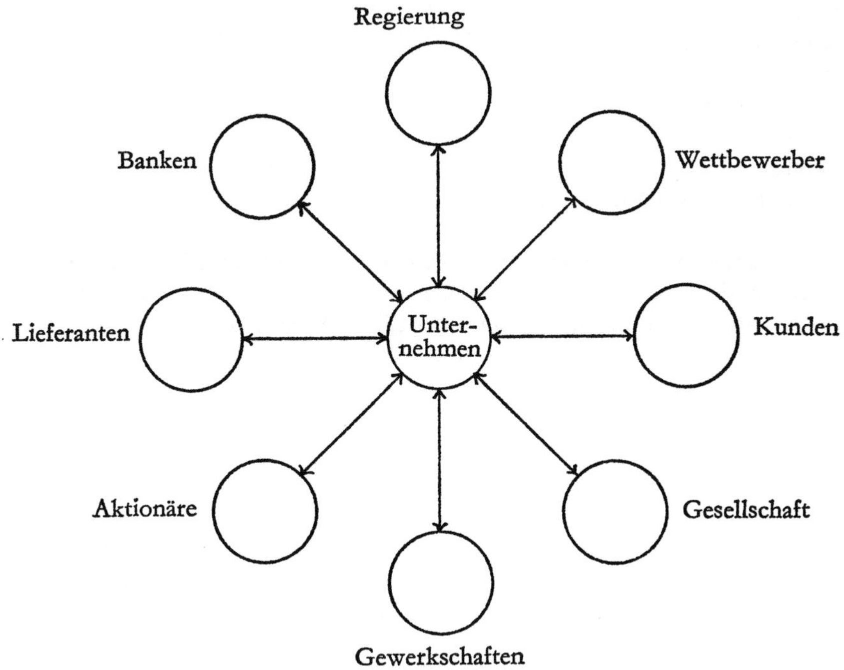

Abb. 2: Das Unternehmen als offenes System

Die Menge der Beziehungen zwischen den Elementen wird die Organisation des Systems oder auch deren Struktur genannt. Die systemtheoretische Zielsetzung besteht darin, diese Struktur zu erkennen und optimal zu gestalten. Voraussetzung hierfür ist die Durchführung einer Systemanalyse. Diese besteht aus den vier Grundstufen:

- Analyse der Zielsetzung
- Analyse der Elemente
- Analyse der Beziehungen
- Analyse des Systemverhaltens.

Diese Konzeption wird bei der Gestaltung betrieblicher Datenverarbeitungssysteme zugrunde gelegt. In ihnen sind eine optimale Synthese der Datenverarbeitungsprozesse mit den zur Verfügung stehenden Computersystemen anzustreben. Die konsequente Anwendung der Grundgedanken der Systemtheorie führt außerdem zwangsläufig zu der Forderung, die Systemanalyse nicht nur auf Teilbereiche des Betriebes zu beziehen, sondern auf das Gesamtsystem des Betriebes auszudehnen.
Die Hauptelemente des Systems Unternehmung sind Vertrieb, Forschung und Entwicklung, Produktion, Beschaffung, Finanz- und Personalwesen.
Eingeordnet in die oben angegebenen Möglichkeiten der Klassifizierung, stellt ein Unternehmen ein

- dynamisches
- komplexes
- offenes
- probabilistisches
- adaptives
- konkretes

Regelungssystem dar (Abb. 1, 2).

Die Beziehungen zwischen diesen Elementen in dem individuellen Unternehmen zu analysieren und sie bei der Schaffung einer optimalen Informationsstruktur zu verwenden und zu gestalten, ist die Aufgabe des EDV-Organisators.

2. Anwendung des Systemkonzepts auf die EDV-Organisation

2.1 Problemkreis der EDV-Organisation

Die Aufgabe der EDV-Organisation besteht darin, ein optimales, computerunterstütztes, entscheidungsorientiertes Informationssystem zu schaffen. Mit Hilfe eines solchen Informationssystems wird das Management mit Informationen versorgt, die eine Steuerung des Systems Unternehmen erlauben und marktmäßiges Überleben gewährleisten sollen. Im gesamten »Regelungssystem Unternehmen« stellt das Informationssystem mithin das Rückkopplungsglied dar. Um die Rückkopplung zu gewährleisten, werden im Informationssystem Daten verarbeitet. Das Ergebnis dieser Verarbeitung sind Informationen. Daten sind also das Rohmaterial und Informationen deren Produkt aus der Datenverarbeitung. Unabhängig davon, welche Maschinenkonfiguration zur Datenverarbeitung herangezogen wird und welche spezielle Organisation gewählt wird, erfüllt ein Informationssystem grundsätzlich folgende Funktionen:

1. Erfassen der Daten:
Dies kann manuell, mechanisch, elektro-mechanisch oder elektronisch geschehen und beinhaltet in den meisten Fällen die Registrierung von Daten für die spätere Verarbeitung;
2. Umwandlung des Datenträgers:
Die Daten werden auf einem Datenträger erfaßt, der für die Speicherung und Verarbeitung besser geeignet ist als das Original;
3. Übertragung der Daten:
Die Daten werden vom Ort des Entstehens zum Ort der Speicherung oder Verarbeitung gebracht;
4. Datencodierung:
Die Daten werden in eine für die Maschine lesbare Form gebracht;
5. Datenorganisation:
Zusammenstellung der Daten in Dateien; dadurch können sie effizient verarbeitet und wieder aufgefunden werden;
6. Datenspeicherung:
Die Daten werden auf einem geeigneten Medium gespeichert, um für die zentrale Recheneinheit leichten Zugriff zu gewährleisten;
7. Datenverarbeitung:
Um die gewünschten Informationen zu erhalten, werden verschiedene arithmetische und logische Operationen mit den Daten ausgeführt;
8. Informationsausgabe:

Das Produkt der Datenverarbeitung, die Informationen, müssen dem Benutzer schnell und in der gewünschten Form zur Verfügung gestellt werden.

Aus den grundlegenden Verarbeitungsschritten innerhalb eines Informationssystems ergeben sich folgende Fragestellungen:

1. Welche Informationen werden als Entscheidungsunterlagen für die Unternehmensführung benötigt?
2. Welche Daten müssen verarbeitet werden, um diese Informationen zu erhalten?
3. Wie läßt sich die Erfassung und Verarbeitung der Daten optimal gestalten?

Insbesondere aus dem dritten Problemkreis ergeben sich sechs weitere Fragen:

3a In welchen Bereichen ist der Einsatz einer EDV-Anlage technisch möglich und wirtschaftlich vertretbar?
3b Welche Aufgaben können und sollen von einer EDV-Anlage übernommen werden?
3c Wie sollen die Daten erfaßt werden?
3d Welches Betriebssystem ist für die Verarbeitung zu wählen?
3e Welche technischen Eigenschaften der EDV-Anlage sind erforderlich?
3f Wie ist die EDV-Abteilung zu organisieren und welche organisatorische Stellung nimmt die Datenverarbeitungsabteilung innerhalb des Unternehmens ein?

Die Aufgabe des EDV-Organisators besteht darin, diese Fragen für den ihm vorliegenden Einzelfall »Errichtung einer EDV-Organisation im Betrieb« schlüssig zu beantworten. Hierzu sind sowohl Kenntnisse bezüglich einer zweckmäßigen Vorgehensweise und organisatorischer Hilfsmittel erforderlich, wie auch Detailkenntnisse über die technischen und organisatorischen Möglichkeiten der einzelnen Bestandteile elektronischer Datenverarbeitungsanlagen. Im folgenden werden daher an Hand eines zweckmäßigen Ablaufschemas die Arbeitstechniken des EDV-Organisators in den einzelnen Phasen zwischen der Vorbereitung der EDV-Systemplanung und der Systemeinführung dargestellt.

2.2 Vorbereitung der EDV-Systemplanung

Die Aufgabe der EDV-Systemplanung besteht darin, ein computerunterstütztes Informationssystem zu schaffen. Diese Aufgabe gliedert sich in zwei Teile:

1. Erstellung einer Systemstudie
2. Einführung des Systems.

Zur erfolgreichen Durchführung dieser Projekte sind bestimmte Voraussetzungen erforderlich:

1. eindeutige Festlegung des Projektzieles,
2. Festlegung der Personen, die mit der Durchführung des Projektes beauftragt sind,
3. Vorgabe des Projektabschlußtermines.

Diese Voraussetzungen zu erarbeiten, ist die wesentliche Aufgabe der *Vorbereitungsphase*. Es ist *Aufgabe der Geschäftsleitung*, das Projektziel zu formulieren und die für die Durchführung des Projektes verantwortlichen Personen zu benennen. Außerdem muß von seiten der Geschäftsleitung sichergestellt werden, daß der Systemanalytiker alle die für die Systemstudie notwendigen Informationen erhält. Die Aufgabe des *EDV-Organisators* in der Vorbereitungsphase des Projektes liegt vor allem darin, die Geschäftsleitung bei der Zielformulierung zu beraten.
Hierbei sind zwei Punkte zu beachten:

1. Der systemtheoretische Gesichtspunkt darf nicht dazu verführen, alle Unternehmensbereiche gleichzeitig auf das neu zu schaffende Informationssystem umzustellen. Das würde die Möglichkeiten auch des besten Organisationsteams übersteigen. Vielmehr hat die Umstellung sukzessive zu erfolgen. Allerdings ist bei der Gestaltung der Datenverarbeitung in den einzelnen Unternehmensbereichen stets auf die reibungslose Eingliederung in das Informationssystem des Gesamtunternehmens zu achten.
2. Aus der Zielsetzung des Projektes muß eindeutig hervorgehen, welcher Art das zu schaffende Informationssystem sein soll:
a) *Berichtssystem*, dessen Aufgabe die Erfassung und Verarbeitung von Vergangenheitsdaten ist;
b) *Steuerungssystem*, in dem Gegenwartsdaten erfaßt und verarbeitet werden mit dem Ziel, Betriebsabläufe zu optimieren;
c) *Planungssystem*, in dem mögliche zukünftige Daten verarbeitet werden. Diese Berechnungen sollen zur Entscheidungsfindung bei der Auswahl alternativer unternehmerischer Strategien beitragen;
d) *Rechen- und Dokumentationssystem;*
e) *entscheidungsorientiertes Informationssystem*, dies bedeutet gleichzeitig Realisierung der Systeme a, b, c und d.

Die Verwirklichung eines integrierten Datenverarbeitungssystems entsprechend der Zielsetzung 2e, erhöht die Rentabilität des eingesetzten Computers wesentlich.
Weitere Vorteile sind:
– der Informationsfluß im elektronischen System wird annähernd ein Abbild der tatsächlichen sachlichen Zusammengehörigkeit aller Vorgänge im Unternehmen;
– der manuelle Input-Aufwand wird auf ein Minimum reduziert;
– bessere Möglichkeiten der Verwirklichung moderner betriebswirtschaftlicher Konzeptionen, wie beispielsweise der Plankostenrechnung;
– Verminderung der Gefahr von Input-Fehlern;
– Verminderung der Verlustgefahr von Informationen.

Nach der Entscheidung für ein integriertes Datenverarbeitungssystem ist zu überlegen, welche Variante der folgenden drei Führungsinformations-Systeme für die EDV-Organisation gewählt werden soll:
– periodische Ausgabe der Informationen:
in periodischen Abständen werden der Unternehmensleitung Soll-Ist-Vergleiche geliefert;

– Ausgabe von Informationen an das Management in Ausnahmesituationen:
Bei Überschreiten eines vorher festgelegten Maßes der Abweichung des Ist-Zustandes vom Sollwert wird dies der Unternehmensleitung mitgeteilt;
– Echtzeit-Ausgabe von Informationen:
die Unternehmensleitung erhält Informationen auf Anfrage.

Der Teil der Vorbereitungsphase für die EDV-Systemplanung, bei dem wesentlich die Geschäftsleitung beteiligt ist, ist dann abgeschlossen, wenn sie in den aufgezeigten Problemkreisen ihre Entscheidungen getroffen hat. Anschließend sollte dem EDV-Organisator schriftlich mitgeteilt werden:

– Bezeichnung des Projektes
– Ziel des Projektes
– Zweck des Projektes
– Auftraggeber
– Benennung der für die Durchführung des Projektes Verantwortlichen und deren Kompetenzen
– Zeitziel.

2.3 Ablaufschema für das Gesamtprojekt

Will man eine Aufgabe mit Hilfe der elektronischen Datenverarbeitung lösen, dann müssen zwei große Gruppen von Fragen geklärt werden. Die eine Gruppe beschäftigt sich mit der Hardware, denn es muß der für die Aufgabe zweckmäßigste Maschineneinsatz vorbereitet werden. Die andere Gruppe bezieht sich auf die Software, das heißt, die Aufgabe muß so aufbereitet werden, daß sie programmiert werden kann.
Der Fragenkreis zur Software beginnt mit der Analyse des vorliegenden Problems. Dabei wird zunächst das Problem definiert. Dann wird der Istzustand der betreffenden Bereiche analysiert. Im hierauf folgenden Sollentwurf wird der zukünftig geplante Arbeitsablauf schematisch dargelegt. In der Detailplanung erfolgt schließlich die endgültige Festlegung des Datenflußplanes und der Programmablaufpläne für die DV-Anlage. Der gesamte Fragenkomplex umfaßt also die organisatorischen Vorarbeiten für die nachfolgende Programmierung.
Der zweite Fragenkreis wird durch die für die Verarbeitung benötigte maschinelle Ausrüstung (Konfiguration) eröffnet. Nachdem die Konfiguration zumindest vorläufig festgelegt worden ist, erfolgt die Auswahl der zweckmäßigsten Anlage aus dem von den Herstellern angebotenen Sortiment.
Ist eine Anlage bereits in Betrieb, so entfällt natürlich der letzte Punkt. Aber selbst wenn man von einer kritischen Überprüfung der bereits in Betrieb befindlichen Anlage absieht, bleibt doch der generelle Rahmen im Arbeitsablauf der Systemanalyse grundsätzlich erhalten.
Die beiden Fragenkreise stehen allerdings nicht isoliert nebeneinander, sondern sind vielmehr eng miteinander verknüpft. Die Vorarbeiten für die Erstellung der Befehls-

listen für den Computer (Programme) und die Planung der technischen Ausrüstung beeinflussen sich wechselseitig.
Die Systemanalyse endet jedoch noch nicht an der Schwelle zur Programmierung. Sie plant und überwacht in Zusammenarbeit mit der Programmierung und mit sonstigen Fachabteilungen auch den zeitlichen, personellen und materiellen Einsatz für die notwendigen Arbeiten bis hin zur Übergabe des fertigen Projekts für die laufende Verarbeitung. Darin eingeschlossen sind unter anderem, falls erforderlich, die Installation der Anlage, Tests, Probe- und Parallelläufe.
Das folgende Schema zeigt den Ablauf von der Ist-Analyse bis zur Systemeinführung. Mit Ausnahme der Programmierung, welche von den hierfür speziell ausgebildeten Programmierern übernommen wird, liegt die Durchführung der übrigen Teile des Projekts in der Regel in der Hand des Systemanalytikers. Das schließt allerdings nicht aus, daß zwischen allen betroffenen Abteilungen ein enger Kontakt besteht. Im Gegenteil, eine Zusammenarbeit von Systemanalytiker, Programmierer und anderen Fachabteilungen ist wünschenswert und entspricht den gegenwärtigen Vorstellungen moderner Teamarbeit, wie sie vor allem in der heutigen Datenverarbeitungspraxis geübt wird.

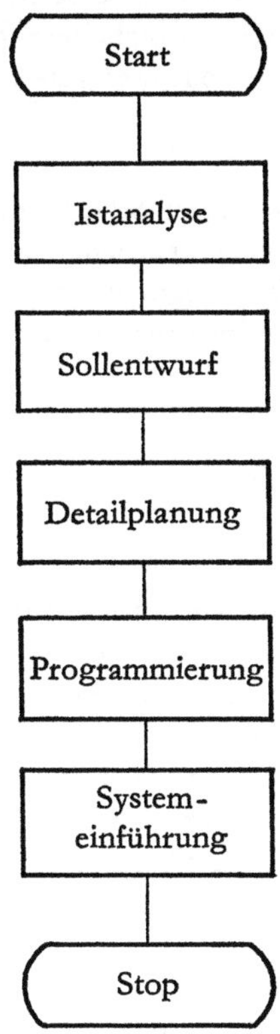

Abb. 2a: Grobgliederung der Arbeitsstufen bei der Planung eines EDV-Projekts

Der Start ist gegeben durch eine erste Formulierung des Problems, eine Abgrenzung des Aufgabenkreises und eine Übersicht der einzuleitenden Maßnahmen. Zweckmäßig ist eine klare Definition des Problems in schriftlicher Form. Hierin sollen sowohl die Aufgabenbereiche als auch die von der Geschäftsleitung vorgegebenen Bedingungen genannt werden. Schriftliche Aufzeichnungen stellen, nachdem sie von der Geschäftsleitung genehmigt wurden, den Projekt- oder Organisationsauftrag dar.
Der Stop besteht in der Freigabe des Projekts zur laufenden Verarbeitung der Daten. Testläufe und Parallelläufe sind abgeschlossen.
Diese systematische Vorgehensweise von der Analyse des Ist-Zustandes bis zur Implementierung des neuen Informationssystems hat den Vorteil, daß das komplexe Problem ein computerunterstütztes Informationssystem aufzubauen, in überschaubare Einzelschritte zerlegt wird. Eine solche Systemplanung bietet im einzelnen die Möglichkeiten:

1. Die Zeit und die Betriebsmittel besser zu nutzen.
2. Die Kosten für die Erfassung, Übertragung und die Verarbeitung der Daten zu senken.
3. Unnötige Aktivitäten zu erkennen und zu beseitigen.
4. Die notwendige Mitwirkung von Mitarbeitern bei der Informationsverarbeitung auf ein Minimum herabzusetzen und dadurch die Geschwindigkeit und Fehlerfreiheit des Datenflusses zu steigern.

Im folgenden soll daher ein detailliertes Schema der zweckmäßigen Vorgehensweise für den EDV-Organisator angegeben werden. Ausgangspunkt ist das Ergebnis der Vorbereitungsphase, d. h. es ist festgelegt, welche Anforderungen an das neue Informationssystem gestellt werden und wer für die Durchführung der Systemplanung zuständig ist.

Vorgehensweise des EDV-Organisators:

1. Definiere das zu lösende Problem;
2. Lege die Ziele fest, die mit dem neuen Informationssystem erreicht werden sollen;
3. Identifiziere die Bestandteile des existierenden Informationssystems;
4. Sammle wichtige Informationen über das bestehende System. Hierzu gehören: Wo fallen welche Daten an, wie werden diese verarbeitet, welche Verarbeitungsregeln existieren, welche Betriebsmittel werden hierzu benötigt, wo werden welche Daten gespeichert, gibt es Maßstäbe für die Güte der Verarbeitung, welche Kontrollen werden benutzt und welche Informationen resultieren aus der Verarbeitung der Daten;
5. Beschreibe den bestehenden Datenfluß unter Zuhilfenahme von Flußdiagrammen und Entscheidungstabellen;
6. Führe eine Schwachstellen-Analyse durch, d. h. suche die Stellen im Informationssystem, die eine Verbesserung der Verarbeitungsmethoden und der Zielerreichung erfordern;

7. Stelle die Anforderungen an das Soll-System bezüglich der zu verarbeitenden Daten und der Verarbeitungsform zusammen;
8. Bestimme die Maschinenkonfiguration. Hierzu gehört die Zusammenstellung der notwendigen Ein- und Ausgabegeräte, der Speichereinheiten und der zentralen Recheneinheit;
9. Führe eine Realisierbarkeitsstudie durch;
10. Lege den bisher erarbeiteten Teil der Systemstudie der Geschäftsleitung vor. Wird das vorgelegte Konzept gebilligt, ist zu diesem Zeitpunkt die dafür geeignetste Datenverarbeitungsanlage zu bestimmen;
11. Auswahl der Anlage;
12. Detaillierte Ausarbeitung der Soll-Konzeption. Hierzu gehört die Festlegung des Datenflusses und der Speicherbelegung, die Erstellung des Programmablaufplanes und Programmieranweisungen;
13. Durchführung der Programmierung, der Programmtests, und der Programmdokumentation;
14. Planung der Systemeinführung. Hierzu gehört die Personal-, Raum- und Zeitplanung sowie die Planung der Umstellung auf das neue Informationssystem;
15. Systemübergabe (Parallellauf der betrieblichen Vorgänge).

Projektphase	Nr.	Geschäftsleitung	Betriebsleitung	EDV-Organisator	Programmierer
Zielformulierung	1, 2	x		o	
Ist-Analyse	3, 4		o	x	
Dokumentation des Ist-Systems	5			x	
Schwachstellen-Analyse	6		o	x	
Rahmenplan Soll-System	7, 8		o	x	
Realisierbarkeitsstudie	9			x	
Diskussion des Rahmenvorschlages	10	x	o	o	
Anlagenauswahl	11	x		o	
Detailplanung des Soll-Konzeptes	12			x	o
Programmierung	13			o	x
Implementierung	14		o	x	o
Systemübergabe	15	o	x	o	o

x = Verantwortliche Stelle
o = Mitarbeitende Stelle

Abb. 3: Zuständigkeitsdiagramm

Es wird dem Organisator empfohlen, die einzelnen Schritte des hier dargelegten Verfahrens in einem Netzplan darzustellen. Als Muster kann der in der Anlage gegebene Plan dienen. Zur besseren Übersicht im Hinblick auf die an den einzelnen Stufen des Projektes Beteiligten hat sich in der Praxis außerdem das Zuständigkeitsdiagramm (Abb. 3) bewährt, das Aufschluß darüber gibt, welche Stelle für die Durchführung der einzelnen Planungsphasen verantwortlich ist, bzw. an der Mitarbeit beteiligt ist. In den folgenden Kapiteln werden die zur erfolgreichen Durchführung der Systemplanung nach dem oben angegebenen Ablaufschema benötigten Arbeitstechniken dargelegt.

3. Untersuchung des Ist-Systems

Die Erfassung des organisatorischen Ist-Zustandes im Betrieb ist die Grundlage für jede weitere Planung des EDV-Organisators. Die betriebliche Ist-Organisation kann unter drei verschiedenen Zielsetzungen betrachtet werden.

1. Prüfung auf EDV-Einsatzmöglichkeit;
2. Prüfung auf Verwendbarkeit vorhandener organisatorischer Lösungen;
3. Entwicklung eines eigenen organisatorischen Konzeptes.

Bei der ersten Zielsetzung sind Entscheidungsunterlagen über die Frage zu erarbeiten, ob die EDV in einem Unternehmensbereich überhaupt eingeführt werden soll. Bei diesem Vorgehen ist das Datenvolumen das wesentliche Entscheidungskriterium. Außerdem ist zu prüfen, ob die Daten maschinell verarbeitet werden können. Ferner ist zu beachten, daß selbst bei geringerem Datenvolumen eine maschinelle Bearbeitung rentabel sein kann, wenn nur ein genügend großer Bearbeitungsumfang vorliegt. Ein weiterer Gesichtspunkt sind Terminprobleme. Auch sie können die Einführung einer EDV rechtfertigen.
Wird die Ist-Aufnahme unter der zweiten Zielsetzung durchgeführt, d. h. soll geprüft werden, ob eine bereits entwickelte organisatorische Lösung empfohlen werden kann, müssen die durch dieses Verfahren gelieferten Informationen mit den geforderten Informationsbedürfnissen verglichen werden. In der Regel ist die Verwendbarkeit bereits vorhandener Verfahren erheblich wirtschaftlicher als eine eigene Verfahrensentwicklung. Eine Ist-Aufnahme unter dieser Zielsetzung ist arbeits- und zeitaufwendiger als eine reine EDV-Einsatzprüfung, da es sich um eine gezielte Aufnahme handelt, und das fremde Verfahren ebenfalls analysiert werden muß.
Eine eigene Verfahrensentwicklung sollte erst dann durchgeführt werden, wenn eine fremde, organisatorische Lösung nicht übernommen werden kann. Eine Verfahrensentwicklung setzt voraus, daß das zu lösende Problem in allen Einzelheiten, Zusammenhängen und Sonderfällen analysiert wird. Für diese dritte Zielsetzung muß eine gründliche und umfassende Aufnahme durchgeführt werden. Die hierbei anzuwendenden Verfahren werden in den folgenden Abschnitten dargestellt.

3.1 Vorbereitung

Bei der Ist-Erfassung ist der EDV-Organisator auf die gute Zusammenarbeit mit den Mitarbeitern und den Leitern jener Bereiche angewiesen, die auf EDV-Organisation umgestellt werden sollen. Es ist daher von großer Bedeutung, daß die Geschäftsleitung alle beteiligten Mitarbeiter genau über die Ziele und den Zweck der Untersuchung informiert hat. Dadurch ist eine Reihe von Widerständen von vornherein aus dem Wege geräumt. Dementsprechend ist es zweckmäßig, daß der EDV-Organisator, bevor er mit der Ist-Aufnahme beginnt, ein kurzes Informationsgespräch mit den betreffenden Abteilungsleitern führt und ihnen mitteilt, in welchem Zeitraum die Ist-Analyse durchgeführt wird. Zur Vorbereitung der Ist-Analyse gehört auch die Zusammenstellung wichtiger Formulare, die zur schnellen und einheitlichen Durchführung der Analyse notwendig sind, wie beispielsweise Tätigkeitslisten und Prüflisten. Auf sie wird bei der Darstellung des Ist-Systems noch eingegangen werden.

3.2 Ist-Aufnahme

Die Ist-Aufnahme gliedert sich in drei Phasen:

1. Erfassung der Organisationsstruktur;
2. Tätigkeitsanalysen;
3. Problemanalysen.

Die Organisationsstruktur bezieht sich auf den jeweils zu untersuchenden Bereich und kann in der Regel einem vorliegenden Organisationsplan entnommen werden.
Die Tätigkeitsanalyse dient vorwiegend dem Zweck, zu erkennen, welche Tätigkeiten und Unternehmungsbereiche auf die EDV übernommen werden können. Ferner ist sie die Grundlage für spätere Wirtschaftlichkeitsbetrachtungen. Um gleichartige Tätigkeiten zusammenfassen zu können, soll vorher ein Tätigkeitskatalog erstellt werden. In diesem werden alle in dem betreffenden Unternehmensbereich vorkommenden Tätigkeiten erfaßt. Zweckmäßigerweise läßt der EDV-Organisator diesen Katalog von den Abteilungsleitern und Gruppenleitern für alle in ihrem Bereich vorkommenden Tätigkeiten anfertigen. Diese Katalogentwürfe der verschiedenen Abteilungen werden auf gleichartige Tätigkeiten untersucht, die dann im endgültigen Tätigkeitskatalog nur einmal erscheinen. Sämtliche Tätigkeiten werden dann mit Kennziffern versehen.
Mit Hilfe von Tätigkeitslisten, in die die einzelnen Mitarbeiter die für sie in Frage kommenden Tätigkeiten aus dem Tätigkeitskatalog eintragen, werden die Tätigkeiten der einzelnen Personen und ihre Durchführungsdauern erfaßt. Abschließend wird der gesamte Zeitbedarf für jede Tätigkeit des Tätigkeitskataloges ermittelt. Diese Werte bilden die Ausgangsdaten für die zum Abschluß des Rahmenvorschlages durchzuführende Realisierbarkeitsstudie.
Im Gegensatz zu der stellenorientierten Erfassung des Ist-Zustandes in Form der Tätigkeitsanalysen handelt es sich bei den Problemanalysen um eine funktionsorientierte Vorgehensweise bei der Faktenerhebung. Hierbei geht es darum, jedes einzelne Arbeitsgebiet hinsichtlich seiner Planungs- und Dispositionsgrundlagen und -verfahren, Regeln, Inhalte und Karteien, Mengen usw. genau zu untersuchen. Die hierdurch erhaltenen Informationen bilden die Grundlage für die spätere Erarbeitung der Pro-

grammvorgaben. Die Mehrzahl der Angaben, die für die Formulierung der Problemanalysen benötigt werden, läßt sich in Fragebogenform bringen. Diese Fragebogen, Prüflisten genannt, kann man durch eigene Erhebungen sukzessive ausfüllen. Man kann aber auch diese Prüflisten mit Erläuterungen zum Ausfüllen an die Abteilungsleiter mit der Bitte um sorgfältige Beantwortung und mit Rückgabetermin gehen lassen.

Die Prüflisten beziehen sich inhaltlich auf Angaben für die Eingabe, Speicherung, Verarbeitung und Ausgabe von Daten bzw. Informationen. Hierbei sind im einzelnen folgende Punkte zu beachten:

a) Erfassen der Daten, Dateien und des Satzaufbaues im Ist-Zustand.
Hierbei ist die Unterscheidung in Stammdaten, Änderungsdaten, Bestandsdaten und Bewegungsdaten wesentlich. Eine entsprechende Klassifikation gilt selbstverständlich für die Dateien.
Bezüglich der Stammdaten hat der Organisator mit Hilfe der Prüflisten herauszufinden, welche längerfristig konstanten Daten, die einer Identifizierung, Klassifizierung oder Charakterisierung dienen, benutzt werden. Außerdem sollten die ausgefüllten Prüflisten Auskunft darüber geben, in welcher Datei diese Daten gesammelt werden, nach welchen Ordnungsmerkmalen die Datensätze sortiert sind und wie die einzelnen Datensätze aufgebaut sind.
Änderungsdaten sind Daten, die fallweise eine Änderung der Stammdaten auslösen. Aus dieser Definition ergeben sich für die Prüflisten zwei wichtige Fragestellungen: Wo entstehen diese Daten, und auf welchen Datenträgern liegen sie vor?
Außerdem sollen die Prüflisten entsprechende Informationen bezüglich der Bestandsdaten und der Bewegungsdaten liefern.
Bestandsdaten sind kurzfristig existierende Daten, die die Mengen- und Werte-Struktur des Unternehmens charakterisieren, während analog zu den Änderungsdaten die Bewegungsdaten – sie repräsentieren das Betriebsgeschehen – zur Veränderung des jeweils vorliegenden Inhalts der entsprechenden Bestandsdaten führen.

b) Erfassen der Arbeitsgänge und des Datenflusses
Hierbei stellt sich zunächst die Frage nach dem auslösenden Moment. Ferner muß aus den Prüflisten ersichtlich werden, welche Daten bei dem Arbeitsgang als Eingabedaten benötigt werden, aus welchen Arbeitsschritten der Arbeitsgang besteht und welche Verarbeitungsregeln angewandt werden. Wesentlich ist außerdem, welche Hilfsmittel (Dateien, Maschinen) benutzt werden, welche Mengen verarbeitet werden, welche Zeiten für die Eingabe, die Verarbeitung und die Ausgabe benötigt werden, und welche Wartezeiten auftreten. Schließlich müssen die Prüflisten eine genaue Auskunft darüber geben, welche Daten bzw. Informationen ausgegeben werden.

c) Erfassen der Mengen nach Maximum, Durchschnitt und Minimum.
Insbesondere sind künftige Änderungen der Mengen zu kalkulieren (etwa im Rahmen der Geschäftsausweitung zu erwartende Änderungen).

d) Erfassung der bisherigen Nummern- und Schlüsselsysteme.
Schwachstellen des bisherigen Systems erfassen (Überschneidungen, Doppelnumerierungen).

e) Erfassen der zukünftigen Erfordernisse.
Zusammenstellen der Zukunftswünsche für das betreffende Arbeitsgebiet.
Kritische Beurteilung dieser Wünsche.
f) Erfassen der Kosten und Leistungen der bisherigen Organisation.
Der personelle und sachliche Aufwand ist zu erfassen. Dabei sind Qualitätsmerkmale zu berücksichtigen, wie Pünktlichkeit, Genauigkeit, Ausführlichkeit und Informationsgehalt der Unterlagen.
Außerdem ist durch geeignete Prüfungen und Stichproben die Vollständigkeit der Erfassung sicherzustellen. Beispiele für Prüflisten finden sich in dem Kapitel 3.3.2, S. 31.

3.2.1 Checkliste zur Erfassung des Ist-Zustandes

Zur fehlerfreien und schnellen Durchführung der Ist-Analyse empfiehlt sich, die folgende Checkliste zugrunde zu legen. Die Antworten auf die hier aufgelisteten Fragen ergeben sich jeweils aus dem Organisationsplan, den Tätigkeits- und Prüflisten.

1. Erfassen der Organisation im betrachteten Unternehmensbereich.
2. Erfassen der in den einzelnen Organisationsbereichen bearbeiteten Arbeitsgebiete.
3. Erfassen der Arbeitsgänge in den einzelnen Arbeitsgebieten.
a) Welche Arbeitsgänge werden durchgeführt?
b) In welcher Reihenfolge laufen die Arbeitsgänge ab?
4. Erfasssen der Durchführungsbedingungen für die einzelnen Arbeitsgänge.
a) Was löst den Arbeitsgang aus?
b) Wer führt den Arbeitsgang durch?
c) Welche Eingabedaten werden benötigt?
d) Woher kommen diese Eingabedaten?
e) In welcher Menge fallen die Eingabedaten an? Wie ist diese Menge auf eine Periode verteilt?
f) Welche zeitlichen Abstände liegen zwischen den Ankünften der verschiedenen Eingabedaten?
g) In welche Teilschritte kann der Arbeitsgang zerlegt werden?
h) Nach welchen Verarbeitungsregeln werden die einzelnen Arbeitsschritte durchgeführt?
i) Welche Arbeitsschritte müssen innerhalb eines Arbeitsganges wiederholt durchgeführt werden?
j) Welche Betriebsmittel werden für die Durchführung der Arbeitsschritte in Anspruch genommen?
k) Welche Zeit wird für die Durchführung der einzelnen Arbeitsschritte in Anspruch genommen? Welche Durchführungszeit benötigt der gesamte Arbeitsgang?
l) Welche Ausgabedaten (Informationen) werden erzeugt?
m) Wofür werden die einzelnen Ausgabedaten benötigt?
5. Erfassen der Daten im Ist-Zustand.
a) Um welche Daten handelt es sich?

b) Wo entstehen diese Daten?
c) Wann entstehen diese Daten?
d) Auf welchen Datenträgern liegen die Daten vor?
e) Um welche Datenmengen handelt es sich?
f) Wofür werden die Daten benötigt?
6. Erfassen der Dateien im Ist-Zustand.
a) Um welche Dateien handelt es sich?
b) Wo bestehen diese Dateien?
c) Wofür werden diese Dateien benötigt
d) Auf welchen Datenträgern sind die Daten in den Dateien gespeichert?
e) Nach welchem Ordnungsmerkmal sind die Dateien sortiert?
f) Wie ist der Änderungsdienst organisiert?
g) Wie oft werden die Dateien in Anspruch genommen?
7. Erfassen des Datenflusses im Ist-Zustand.
8. Erfassen der Datentransportzeiten.
9. Erfassen der Bearbeitungszeiten.
10. Dokumentation des Ist-Zustandes.
a) Organisationsschema;
b) Tätigkeitskatalog;
c) Problemdarstellung;
d) Datenflußplan.
11. Prüfen auf Vollständigkeit der Ist-Analyse.

3.2.2 Methoden zur Erfassung des Ist-Zustandes

Die Aufnahme des Ist-Zustandes durch den EDV-Organisator gliedert sich in zwei Hauptabschnitte, die Tätigkeitsanalyse und die Problemanalyse. Entsprechend dieser Einteilung bemüht sich der Organisator, die das Ist-System kennzeichnenden Parameter in Form von Tätigkeitslisten und Prüflisten zu erfassen. Voraussetzung hierfür sind geeignete Methoden, Informationen über das bestehende System zu erhalten. Dafür stehen dem Organisator drei Hilfsmittel zur Verfügung:

1. Interviews;
2. Fragebogen;
3. Beobachtungen und Einsichtnahme in Unterlagen.

Im allgemeinen liefert die Interview-Methode die besten Ergebnisse. Sie stellt jedoch, wie gezeigt werden wird, erhebliche Anforderungen an die Geschicklichkeit des Organisators. Für die Praxis empfiehlt sich daher eine Kombination der aufgeführten Methoden. Bevor die drei Methoden der Faktenerhebung im Detail dargestellt werden, sollte darauf hingewiesen werden, daß es keineswegs genügt, die bestehenden Fakten zu sammeln. Wichtiger ist vielmehr die Aufgabe, die Beziehungen zwischen den offensichtlichen Fakten und dem tatsächlichen Geschehen zu erfragen bzw. zu beobachten.
Es ist beispielsweise wichtig, in Erfahrung zu bringen, warum ein bestimmtes Doku-

ment stets vier Tage benötigt, um von A nach B zu gelangen. Oder, warum ein bestimmtes Formular in acht verschiedenen Farben gedruckt wird. Jede Tatsache, die von irgend jemandem aufgezeigt wird, sollte stets Gegenstand eines Fragenbündels »Wo, wann, wie, warum?« sein.

Der Erfolg eines Interviews hängt wesentlich von seiner Vorbereitung ab. Hierzu hat der Organisator zunächst das Ziel des Interviews zu fixieren:

Was soll erfragt werden?

Aus der Beantwortung dieser Frage ergibt sich der nächste Punkt:

Wer soll befragt werden?

Die weiteren Vorbereitungsarbeiten betreffen den Ort und den Zeitpunkt der Durchführung des Interviews. Hierbei ist zu beachten, daß der Interviewer rechtzeitig einen passenden Gesprächstermin mit dem zu Befragenden vereinbart. Außerdem sollte dem in Aussicht genommenen Gesprächspartner der Grund für das Interview klar dargelegt werden. Bei der Wahl des Ortes ist zu beachten, daß eine möglichst störungsfreie Durchführung des Interviews gewährleistet wird. Demzufolge empfiehlt sich, das Interview nicht am Arbeitsplatz des Gesprächspartners, sondern in einem Besprechungszimmer durchzuführen.

Der zweite Bestimmungsgrund für das Gelingen eines Interviews liegt in der Technik seiner Durchführung. Hierbei sind eine Reihe psychologischer Faktoren zu beachten.

Die ersten Minuten eines Interviews sind bestimmend dafür, ob eine Atmosphäre der Freundlichkeit und des Interesses geschaffen wird. Ohne diese Voraussetzung ist der Befragte selten bereit, frei und ohne Verdachtsmomente zu sprechen. Dieses ist jedoch wesentlich, da das Interview nicht nur richtige, sondern auch vollständige Ergebnissse liefern soll. Es empfiehlt sich daher, mit einer kurzen allgemeinen Konversation über ein Hobby, das Wetter o. ä. zu beginnen. Sodann ist es wichtig, dem Interviewten freundlich, aber bestimmt zu sagen, was man herausfinden möchte und vor allem, warum man die seine Arbeitswelt betreffenden Fakten ermitteln möchte. Um jedes Mißverständnis auszuschalten, sollte dem Befragten auch der Hintergrund des Projektes kurz erläutert werden. Außerdem sollte darauf hingewiesen werden, daß das Interview in keiner Weise bedeutet, daß an der gegenwärtigen Tätigkeit des Befragten irgendwelche Kritik geübt wird.

Nach dieser Einführungsphase ist der Zeitpunkt gekommen, mit den für den Interviewer wichtigen Fragen zu beginnen. Hierbei ist zu beachten, daß weder rhetorische Fragen noch solche gestellt werden, die irgendwelche Annahmen oder Voraussetzungen beinhalten. Ferner ist wichtig, daß die Fragen in der richtigen Reihenfolge gestellt werden. Das Geheimnis der erfolgreichen Faktenerhebung liegt hierbei darin, daß jede Frage dazu benutzt wird, eine andere zu stellen. Besondere Aufmerksamkeit verdient auch die Kontrolle über die richtige Beantwortung der Fragen. Dieses kann durch Zusatzfragen aus einem jeweils anderen Blickwinkel oder durch geschickt modifizierte Fragen gegen Ende des Interviews erreicht werden.

Ist die Faktenerhebung abgeschlossen, ist es eine Frage des psychologischen Einfühlungsvermögens, das Interview nicht abrupt zu beenden. Zumindest sollte dem Befragten nochmals kurz der Zweck des Interviews dargelegt werden und alle Aufzeichnungen, die der Organisator während des Interviews gemacht hat, vorgelesen werden.

Außerdem empfiehlt sich zum Abschluß die Frage, ob möglicherweise etwas vergessen worden sei. Dieses kann den Gesprächspartner dazu ermuntern, wertvolle Kritik am bestehenden System zu üben oder einen Verbesserungsvorschlag vorzubringen.
Die Faktenerhebung mittels Fragebogen wird in der Regel dann angewendet, wenn eine systematische Untersuchung aller Arbeitsbereiche eines ganzen Unternehmensbereiches durchgeführt wird. Hierzu gehören die schon in ihrer Funktion beschriebenen Tätigkeitslisten und Prüflisten. Die ausschließliche Benutzung der Fragebogen-Methode für die Faktenerhebung ist jedoch problematisch. Die Schwierigkeiten beginnen mit dem Formularentwurf. Hierbei ist auf Übersichtlichkeit, leichte Verständlichkeit und den Ausschluß von Mißverständnissen zu achten. Schwerwiegender sind jedoch die Nachteile, die die Auswertung des Fragebogens betreffen. Der Ausfüll-Prozeß ist nicht kontrollierbar, die Antworten können demzufolge nicht auf mangelnde Exaktheit oder gar Manipulation geprüft werden. Für die meisten Mitarbeiter stellt sich der Fragebogen als eine unklare, unpersönliche und zeitraubende Aufgabe dar. Aus diesen Gründen wird die Fragebogen-Methode meist nur ergänzend oder vorbereitend zur Interview-Methode eingesetzt.
Es ist beispielsweise denkbar, in einem sogenannten Kontakt-Interview, in dem der Organisator dem betreffenden Sachbearbeiter das Projekt und die Hintergründe erläutert, einen Fragebogen aushändigt, mit der Bitte um Rückgabe bis zu einem bestimmten Termin. Die aufgeführten Antworten können eine hervorragende Grundlage für ein anschließendes Interview mit dem Sachbearbeiter abgeben.
Diese Vorgehensweise stellt eine ideale Kombination der Vorteile, sowohl der Interview- als auch der Fragebogen-Methode dar. Durch das zunächst durchgeführte Kontakt-Interview wird der entsprechende Sachbearbeiter zur Mitarbeit motiviert. Ist dieses geschehen, entfällt eine Reihe von Nachteilen, die im anderen Fall den Erfolg der Fragebogen-Methode entscheidend verringern. Durch das anschließende Haupt-Interview können weitere Nachteile, wie unexakte Antworten oder mangelnde Kontrolle über manipulierte Antworten beseitigt werden.
Außerdem hat der Organisator den Vorteil, für das Interview einen gezielten Fragenkatalog zu haben.
Abschließend seien die wichtigsten Voraussetzungen für die Verwendung eines Fragebogens zur Faktenerhebung aufgelistet:

- Übersichtlichkeit;
- leichte Verständlichkeit;
- gezielte Fragestellung;
- eindeutige Fragestellung;
- bewertungsfreie Fragestellung;
- deutliche Angabe des Rücksendetermins.

Auch die dritte Methode der Faktenerhebung dient in den meisten Fällen nur zur Vorbereitung oder Ergänzung von Interviews. Die Einsichtnahme in Unterlagen ist mühsam und liefert selten ein Bild des wirklichen Geschehens. Organisationspläne, Arbeitsplatzbeschreibungen und Arbeitsanweisungen sind oft in manchen Punkten nicht auf

dem neuesten Stand. Solche Unterlagen können nur als Ausgangspunkt für ein gezieltes Interview dienen. Vorteilhafter für die Faktenerhebung über das tatsächliche Geschehen in dem Unternehmensbereich ist es, wenn der Organisator Durchschriften der zur Zeit entstehenden Unterlagen erhält. Diese liefern einen wesentlich interessanteren und aktuelleren Überblick über die Arbeitsabläufe in dem fraglichen Unternehmensbereich.
Eine Möglichkeit, schriftliche Unterlagen auf ihre aktuelle Relevanz zu überprüfen, ist die Durchführung von Stichproben und Beobachtungen. Bei Stichproben ist jedoch zu beachten, daß eine genügend große, repräsentative Menge untersucht wird. Ist eine zeitliche Abhängigkeit der zu ermittelnden Zahlen zu vermuten, hat eine repräsentative Stichprobe auch die zeitlichen Schwankungen zwischen Minimal- und Maximalwerten zu berücksichtigen.
Ähnliches gilt für geplante Beobachtungen. Langzeit-Beobachtungen liefern nur dann sinnvolle Ergebnisse, wenn die Dauer der Beobachtung wesentlich größer ist als die Durchführungszeit des einzelnen Arbeitsganges. Intervall-Beobachtungen, auch Multimoment-Beobachtungen genannt, erfordern eine hohe Gesamtzahl von Beobachtungen, die sich meist über mehrere Wochen erstrecken sollten. Ein weiterer genereller Nachteil von Beobachtungen liegt in der – zumindest während der Anfangszeit – häufig festzustellenden Befangenheit der beobachteten Sachbearbeiter. Aus diesem Grunde sollten die Ergebnisse der ersten Beobachtungszeiträume vernachlässigt werden, wodurch sich allerdings der Zeitaufwand für die Faktenerhebung vergrößert.
Die Ergebnisse der mit den beschriebenen Methoden erhobenen Fakten liegen zum Abschluß einer Untersuchung als mehr oder minder ungeordnetes Material vor. Für den weiteren Projektverlauf ist es außerordentlich wichtig, dieses Material in einer ordnenden und die Zusammenhänge sichtbar machenden Dokumentation vorzulegen.

3.3 Ist-Darstellung

Die Dokumentation des Ist-Systems dient dem Ziel, die in der Ist-Analyse erhobenen Fakten zu ordnen, zu systematisieren und sie darzustellen. In übersichtlicher Form sollte die Dokumentation ein klares und eindeutiges Bild des komplexen Ist-Zustandes wiedergeben. Entsprechend der Vielschichtigkeit der Aufgabe, ein bestehendes Organisationssystem innerhalb eines Unternehmens darzustellen, setzt sich die Dokumentation aus folgenden Teilen zusammen:

Für die Darstellung der Organisationsstruktur
– Organisationsdiagramme;
Für die Darstellung der Tätigkeiten und den mit ihnen verbundenen Durchführungszeiten
– Tätigkeitslisten und Tätigkeitskataloge;
Für die Darstellung des Daten-Mengen-Gerüstes
– Prüflisten;
Für die Darstellung des Arbeitsablaufes

– Arbeitsablaufdiagramme;
Für die Darstellung der Verarbeitungsregeln
– Entscheidungstabellen.

Eine solche Dokumentation dient als Grundlage sowohl der sich an die Dokumentation anschließenden Kritik des Ist-Zustandes als auch des Entwurfes eines Soll-Konzeptes, in deren Verlauf die Entscheidung über die Einführung des neuen Systems getroffen wird. Es ist daher besondere Sorgfalt auf Klarheit und Fehlerfreiheit bei dieser Dokumentation zu legen.

3.3.1 Organisationsdiagramme

Organisationsdiagramme stellen den strukturellen Aufbau eines Unternehmensbereiches dar.
Sie zeigen die Funktionen der einzelnen Mitarbeiter und vermitteln eine ungefähre Vorstellung über die Verantwortungsbereiche dieser Personen.
Als Beispiel soll der folgende Organisationsplan für den Absatzbereich eines Unternehmens dienen (Abb. 4). Jedes Kästchen stellt einen Teilfunktionsbereich dar. Außerdem ist der für diesen Bereich Verantwortliche namentlich aufgeführt. Diese in jedem Teilfunktionsbereich angeführte Zahl gibt die Anzahl der in einem durch ein Kästchen dargestellten Bereich beschäftigten Personen wieder. So ist beispielsweise Herr Müller für die Verkaufsleitung verantwortlich. Zusammen mit seiner Sekretärin ergibt dies eine Beschäftigtenanzahl von zwei Personen in diesem Teilfunktionsbereich.

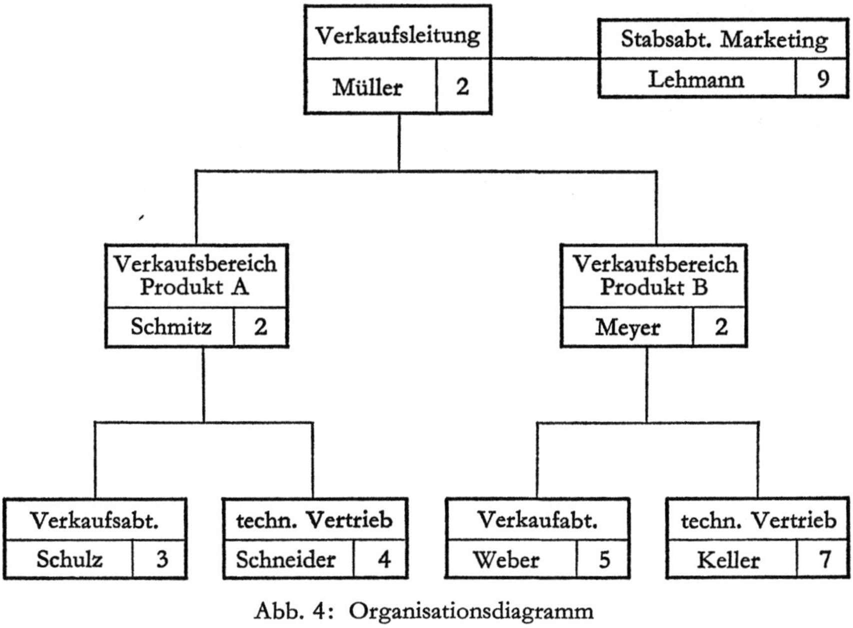

Abb. 4: Organisationsdiagramm

3.3.2 *Tätigkeits- und Prüflisten*

Die Tätigkeitsliste ist der Träger der Tätigkeitsanalyse. Sie sollte sich auf eine Woche oder einen Monat beziehen. In einer Tätigkeitsliste sind alle Tätigkeiten einer Person mit den entsprechenden Durchführungsdauern aufzuführen. Die Summe der Tätigkeitsdauer hat ca. 40 Stunden bzw. 170 Stunden zu betragen. Aus ihr müssen außerdem Name des Sachbearbeiters, die Arbeitsgruppe und die Abteilung ersichtlich sein. Abbildung 5 zeigt das Muster einer Tätigkeitsliste.
Die Angaben, die für die Formulierung der Problemanalyse benötigt werden, lassen sich in Fragebogenform bringen. Diese Fragebogen, Prüflisten genannt, werden bei der Faktenerhebung sukzessive ausgefüllt. Prüflisten dienen zur Dokumentation des Daten-Mengen-Gerüstes innerhalb des zu untersuchenden Unternehmensbereiches. Die Prüflisten sollen mithin Angaben zur Eingabe, Speicherung, Verarbeitung und Ausgabe der Daten aufweisen. Hieraus folgt, daß kein allgemeines Schema für eine Prüfliste gegeben werden kann. Vielmehr richtet sich deren Aufbau wesentlich nach dem speziellen Unternehmensbereich, der untersucht wird.

Tätigkeitsliste

Hauptabteilung ....

Abteilung ....

Arbeitsgruppe ....

Sachbearbeiter ....

Nr.	Tätigkeit	Arbeitsaufwand pro Woche (pro Monat)
1		
2		
3		
. . .		
	Summe des Arbeitsaufwandes	

Abb. 5: Muster einer Tätigkeitsliste

Als Beispiel sei lediglich eine Prüfliste für das Teilproblem Kreditoren-Kontokorrent innerhalb des Unternehmensbereiches Buchhaltung angegeben (Abb. 6). Handelt es sich hierbei auch nur um ein kleines Teilproblem, so ist aus dieser Prüfliste doch das allgemeine Schema der Erhebung des Daten-Mengen-Gerüstes nach Eingabe, Speicherung, Verarbeitung und Ausgabe der Daten ersichtlich.

PROBLEMANALYSE
Prüfliste

Problem: Buchhaltung — Teilproblem: Kreditoren-Kontokorrent

1. Angaben für Eingabe und Speicherung

1.1 Angaben für die mengenmäßige Eingabe

1.1.1 Anzahl der Haben-Posten (Rechnungseingänge)
- (1) Tagesdurchschnitt: ....
- (2) Maximaler Spitzenanfall in der Saison: ....
- (3) Zu Abschlußterminen: ....
- (4) Wann werden Abschlüsse gemacht: ....

1.1.2 Anzahl der Soll-Posten (Zahlungen, Lastschriften)
- (1) Tagesdurchschnitt: ....
- (2) Maximaler Spitzenanfall in der Saison: ....
- (3) Zu Abschlußterminen: ....

1.2 Angaben für die interne Speicherung
- (1) Anzahl der Konten derzeit: ....
- (2) Anzahl der Konten im Vorjahr: ....
- (3) Welche Gegenkonten zum Kreditorenkonto werden als Hauptbuchkonten geführt, unterteilt nach
  - a) Finanzkonten (Kasse, Banken usw.)? ....
  - b) Wareneingangskonten? ....
  - c) Aufwands- und Ertragskonten? (Bitte gesonderte Aufstellung) ....
- (4) Welche Buchungstexte werden verwendet?
  - a) Symbole (Kurztexte) bei Verwendung von Buchungsautomaten: ....

  - b) Geschriebene Buchungstexte (evtl. gesonderte Aufstellung): ....

---

2. Angaben für die Verarbeitung und Ausgabe

in % d. anzahlmäßigen Rechnungseingänge

Wie und in welchem Verhältnis kommen die Rechnungen?

- a) exakt auf bestimmte Rechnungsfälligkeiten ohne Skonto? ....
- b) wie a) mit Skonto? ....
- c) mehrere Rechnungen zusammen (Sammelzahlungen) aber exakt? ....
- d) Akontozahlungen oder in Gegenrechnung? ....
- e) in sonstiger Weise? ....

Abb. 6

3.3.3 Arbeitsablaufdiagramme

Während mit Organisationsdiagrammen, Tätigkeits- und Prüflisten die statische Komponente des Ist-Zustandes dargestellt werden kann, erlauben Arbeitsablaufdiagramme die Dokumentation der dynamischen Komponente. Sie verfolgen den Zweck, den Arbeitsablauf, den Belegfluß oder den Informationsfluß innerhalb eines Unternehmensbereiches darzustellen. Hierbei wird das Ziel verfolgt, ein zusammenhängendes Bild der Einzelschritte und der logischen Beziehungen zwischen diesen zu erhalten. Aus zwei Gründen kann bei der Dokumentation eines Systems auf diese Ablaufdiagramme nicht verzichtet werden:

1. Sie liefern einen klaren und logisch aufgebauten Überblick über das Geschehen in dem fraglichen Unternehmensbereich;
2. Sie stellen eine Kontrolle für den Organisator dar, ob er alle Gesichtspunkte des Systems erkannt hat.

Die Form der Ablaufdiagramme hängt wesentlich von dem Zustand des analysierten Ist-Systems ab. Liegt ein *manuelles System* vor, so wird eine Darstellung empfohlen, die manuelle Prozesse besser abbildet. Wegen der Formulargebundenheit manueller Vorgänge sind hierfür formular-orientierte Dokumentationstechniken entwickelt worden.

Hierzu gehören:

1. ASME-Symbolik
2. Jordt-Informationsflußpläne
3. Tätigkeitsflußdiagramme
4. Belegflußpläne.

Für die Dokumentation *programmgesteuerter Systeme* existieren funktionen-orientierte Darstellungsverfahren:

5. HFFC-Symbolik
6. ECMA-Symbolik
7. Datenflußpläne nach DIN 66 001

Es gibt keine zwingenden Gründe, das eine oder andere Verfahren der jeweiligen Gruppe zu bevorzugen. Im Interesse der Einheitlichkeit sollte jedoch innerhalb eines Unternehmens stets die gleiche Methode verwendet werden.
Die folgenden Darstellungen zeigen die bei den einzelnen Dokumentationstechniken verwendeten Symbole.

1. ASME-Tätigkeitssymbole

Bei dieser von der American Society of Mechanical Engineers entwickelten Darstellungsmethode wird der Weg einzelner Belege oder Formulare durch den Unternehmensbereich hindurch verfolgt. Mithin verbinden die Bezugslinien in einer ASME-Darstellung die an dem betreffenden Formular durchgeführten Tätigkeiten. Im einzelnen werden hierzu die folgenden Symbole benutzt:

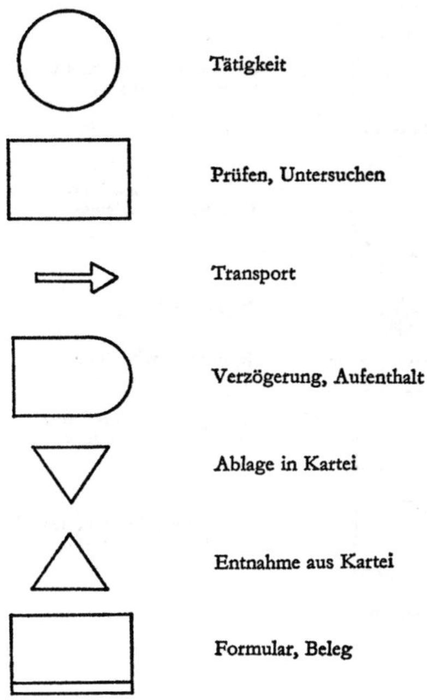

Abb. 7: ASME-Symbole

2. Jordt-Symbolik
Bei dieser Dokumentationstechnik wird der Informationsfluß bildhaft dargestellt. Die Bezugslinien zwischen den einzelnen Symbolen sind Informationsflußlinien.

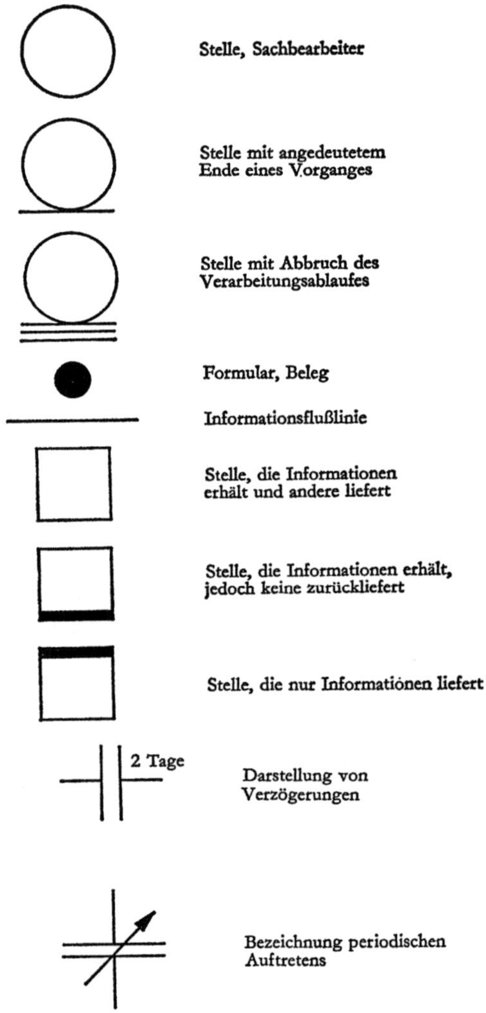

Abb. 8: Jordt-Symbole

3. Tätigkeitsflußdiagramme

Tätigkeits-orientierte Flußdiagramme geben den Ablauf der einzelnen Tätigkeiten innerhalb eines Arbeitsgebietes wieder. Hierbei wird lediglich mit zwei Symbolen gearbeitet. Eines wird benutzt, um auslösende Ereignisse, das andere, um die Tätigkeiten darzustellen. Die Bezugslinien zwischen diesen Symbolen stellen die logischen Verbindungen zwischen den Ereignissen und Tätigkeiten dar.

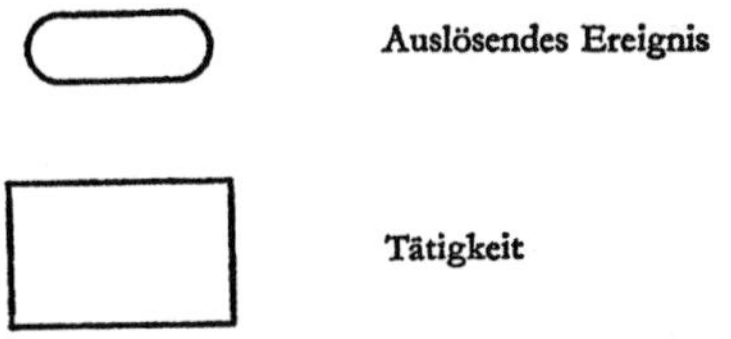

Abb. 9: Elemente der Tätigkeitsflußdiagramme

4. Belegflußpläne

Belegflußpläne sind die am häufigsten angewandte Dokumentationstechnik für manuelle Systeme, da sie eine übersichtliche Wiedergabe des Gesamtgeschehens gestatten. Die Bezugslinien, die die einzelnen Symbole verbinden, stellen den Informationsfluß bzw. Datenfluß dar. Träger dieser Daten sind Belege.

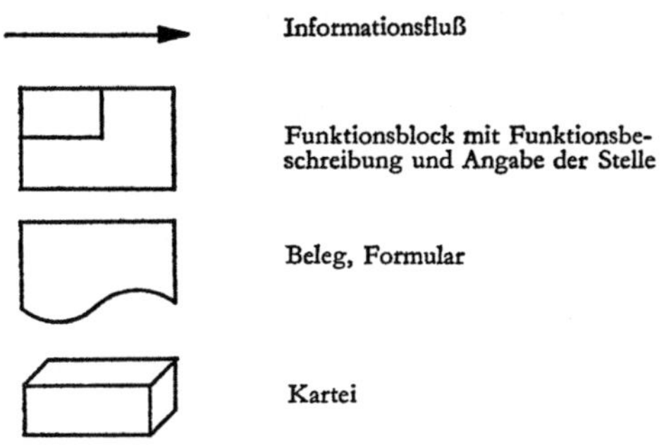

Abb. 10: Belegflußsymbolik

5. HFFC-Symbolik

Diese Technik wird speziell für die Dokumentation von Lochkartensystemen benutzt. Sie ist insbesondere dadurch charakterisiert, daß der Informationsfluß horizontal aufgezeichnet wird. Dieser Tatsache verdankt die Methode den Namen Horizontal Form Flow Charts.

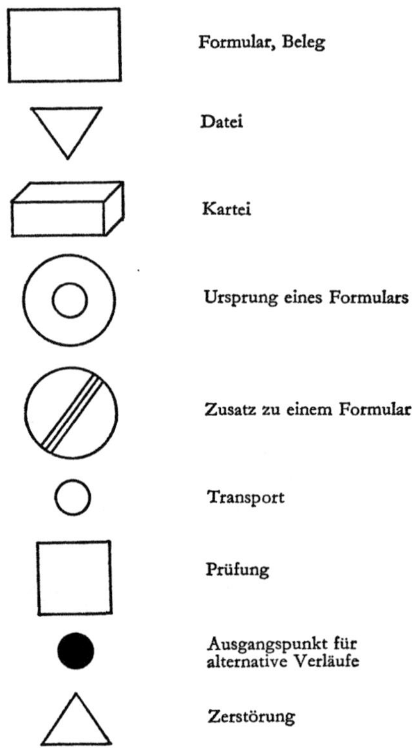

Abb. 11 a

Die ersten drei Zeichen werden als Symbole für Arbeitsmittel benutzt (Abb. 11a). Die diesen folgenden Zeichen dienen der symbolhaften Darstellung von Arbeitsabläufen. Außerdem sollte noch ein für diese Darstellungsmethode charakteristisches Symbol aufgezeigt werden, das den Informationsübergang infolge Bezug auf ein anderes Formular innerhalb des Belegflusses wiedergibt (Abb. 11b):

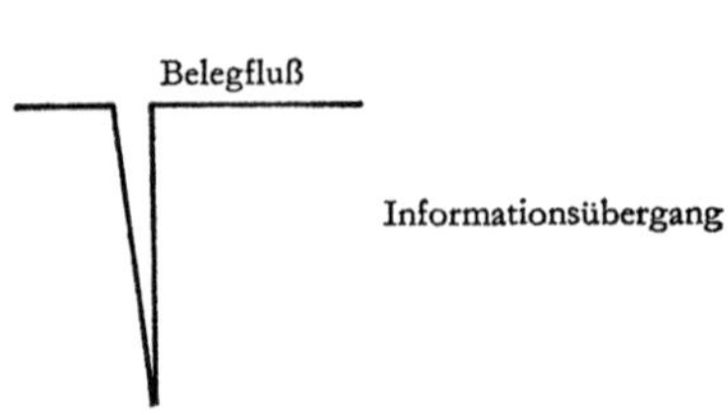

Abb. 11 b

Außerdem wird als allgemeines Tätigkeitssymbol ein Kreis verwandt (Abb. 11c):

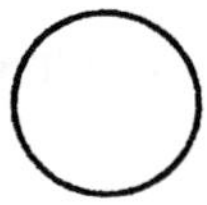

Abb. 11c

Abb. 11: HFFC-Symbole

6. ECMA-Symbolik

Diese von der European Computer Manufacturing Association entwickelte Dokumentationstechnik dient zur Darstellung bereits programmgesteuerter Ist-Systeme. Die Bezugslinien zwischen den einzelnen Symbolen stellen den Datenfluß dar.

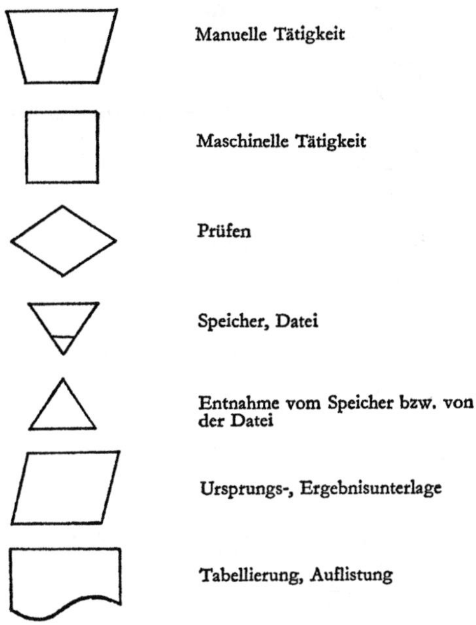

Abb. 12: ECMA-Symbole

7. Symbole nach DIN 66 001

a) Datenflußpläne

Die Dokumentation eines Ist-Systems mit Hilfe von Datenflußplänen nach DIN 66001 ist insbesondere deshalb zu empfehlen, weil sie eine lückenlose Symbolik von der Dokumentation des Lochkartensystems bis zum Entwurf des programmgesteuerten Systems erlauben. Besonderes Gewicht wird hierbei auf die Eingabedaten, die Speicherinhalte und die Ausgabedaten gelegt.

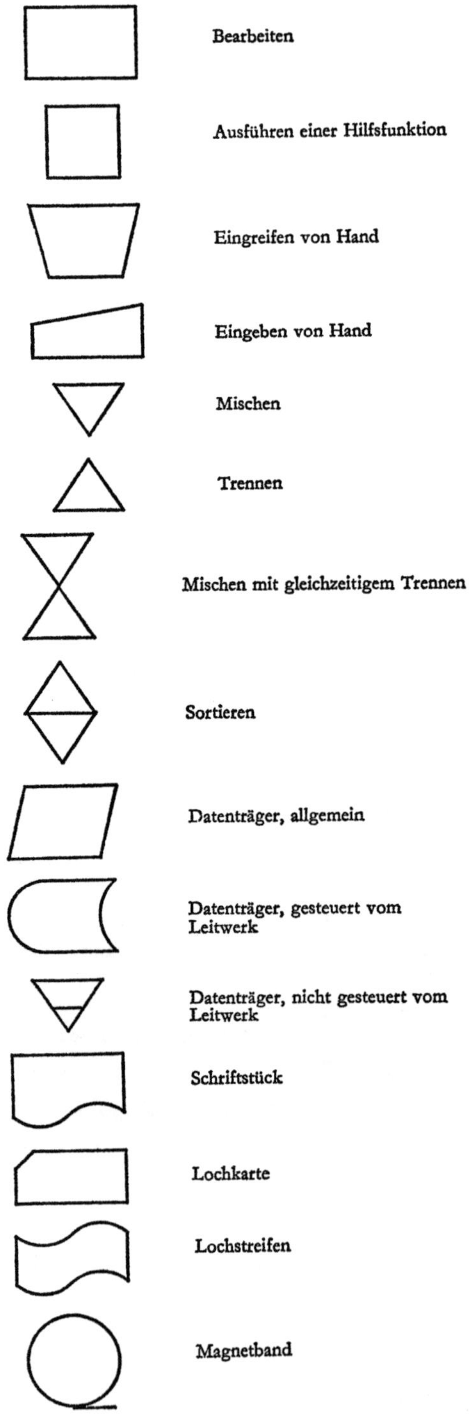
Bearbeiten
Ausführen einer Hilfsfunktion
Eingreifen von Hand
Eingeben von Hand
Mischen
Trennen
Mischen mit gleichzeitigem Trennen
Sortieren
Datenträger, allgemein
Datenträger, gesteuert vom Leitwerk
Datenträger, nicht gesteuert vom Leitwerk
Schriftstück
Lochkarte
Lochstreifen
Magnetband

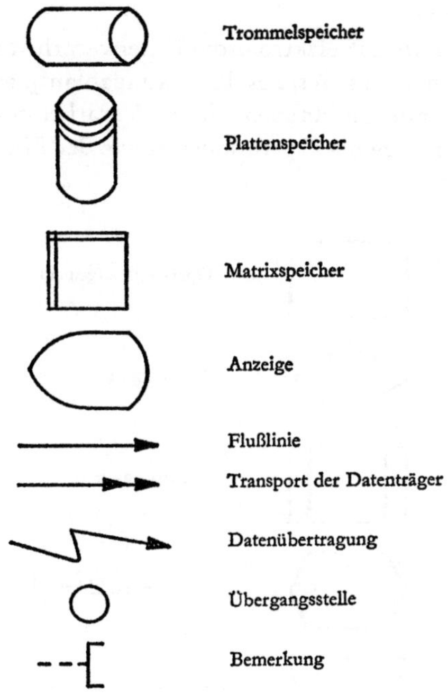

Abb. 13a: Datenflußsymbole nach DIN 66001

b) Programmablaufpläne

Ist ein Arbeitsgebiet bereits auf elektronische Datenverarbeitung umgestellt, so eignen sich zur Dokumentation dieses Systems Programmablaufpläne. Sie stellen eine graphische Übersicht über alle im Rahmen dieser Verarbeitungsaufgabe erforderlichen Operationen, die Reihenfolge der Operationen sowie der Ein- und Ausgänge zu anderen Arbeitsgebieten dar.

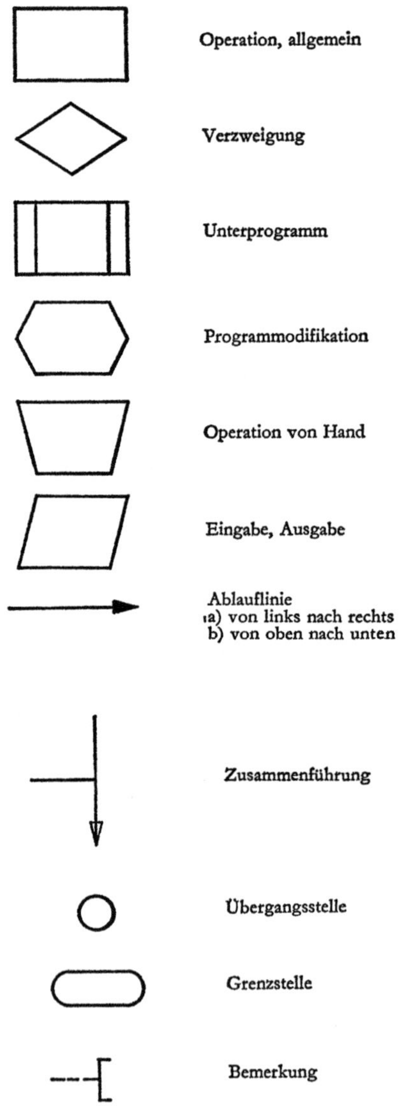

Abb. 13b: Programmablaufsymbole nach DIN 66001

3.3.4 Entscheidungstabellen

Die im letzten Kapitel dargestellten Ablaufdiagramme lieferten einen Überblick über das Geschehen im untersuchten Ist-System. Die Gründe für das Geschehen blieben im wesentlichen unberührt. Eine Ausnahme bilden die zuletzt dargestellten Programmablaufpläne, die nicht nur die Operationen, sondern auch deren Reihenfolgebedingungen aufzeigen. Insofern lassen sich Programmablaufpläne einordnen zwischen den den reinen Ablauf darstellenden Dokumentationstechniken und jenen Darstellungsmethoden, die die zur Anwendung kommenden Verarbeitungsregeln innerhalb des Ist-Systems beschreiben. Zur übersichtlichen Darstellung der oft komplexen Zusammenhänge innerhalb der Verarbeitungsregeln sind insbesondere Entscheidungstabellen geeignet. Sie erlauben die exakte Darstellung der Informationsbearbeitung in Abhängigkeit von verschiedenen Bedingungen und bilden somit eine hervorragende Grundlage für die Entwicklung der Soll-Konzeption und der daraus folgenden Programmierung. Bei Verwendung eines *Decision Logic Translator* ist es außerdem möglich, Entscheidungstabellen direkt in Quellensprache, wie FORTRAN oder COBOL zu übersetzen.

Das methodische Konzept der Entscheidungstabellen beruht auf der tabellarischen Darstellung von Entscheidungen, die auf Grund vorliegender organisatorischer Bedingungen getroffen werden, und die zu bestimmten Maßnahmen führen: Wenn bestimmte Bedingungen vorliegen, dann werden ganz bestimmte Tätigkeiten durchgeführt. Diese *wenn-dann*-Beziehung stellt die Verarbeitungsregel für den betreffenden Verarbeitungsschritt der vorliegenden Daten dar.

Hieraus ergibt sich das folgende Grundschema einer Entscheidungstabelle (Abb. 14):

WENN	Bedingungsbeschreibungen	Bedingungseintragungen
DANN	Tätigkeitsbeschreibungen	Tätigkeitseintragungen

Abb. 14a

Die Tabelle ist in 4 Quadranten eingeteilt. Die waagerechte Linie trennt die oben stehenden Bedingungen von den Tätigkeiten, die senkrechte Linie die Problemspezifikation von dem auf der rechten Seite stehenden Lösungsteil.

2. Quadrant	1. Quadrant
3. Quadrant	4. Quadrant

Abb. 14b

Abb. 14: Grundschema einer Entscheidungstabelle

Im 2. Quadranten befindet sich eine Auflistung der Antworten auf die Frage:
Welche Bedingungen können vorliegen?
Grundlage für den 1. Quadranten ist die Frage:
Welche Werte können die einzelnen Bedingungen annehmen?
Grundlage für den 3. Quadranten ist die Frage:
Welche Tätigkeiten kommen in Betracht?
Der 4. Quadrant gibt Antwort auf die Frage:
Welchen Wert haben die einzelnen Tätigkeiten für bestimmte Wertekombinationen der Bedingungen?
Die Gesamtheit der in einer Tabellenspalte zusammengefaßten Bedingungsaussagen und Handlungsanweisungen bezeichnet man als Regel. An den Aufbau dieser Regeln werden bestimmte logische Anforderungen gestellt:

- Die Bedingungseintragungen in einer Regelspalte sind durch eine *und*-Beziehung verknüpft. Die Reihenfolge ist unerheblich.
- Die einzelnen Regeln stehen in einer *oder*-Beziehung zueinander. Sie schließen sich gegenseitig aus. Niemals treffen mehrere Regeln gleichzeitig zu.
- Jede Regel beschreibt eine bestimmte Situation. Wenn diese Situation zutrifft, dann sind die in dieser Regel aufgeführten Maßnahmen in der angegebenen Reihenfolge auszuführen.

An einem einfachen Beispiel aus der Projektplanung soll die geschilderte Vorgehensweise verdeutlicht werden. Zunächst erfolgt die verbale Beschreibung des Problems, anschließend die Umsetzung in eine Entscheidungstabelle:
Ob mit der Durchführung eines Projektes begonnen werden kann, hängt zunächst davon ab, ob ein Zeitplan für die Durchführung des Projektes besteht. Außerdem muß die Finanzierung sichergestellt sein. Ferner ist es notwendig, daß die für die Durchführung des Projektes erforderlichen Betriebsmittel vorhanden sind. Ist die Finanzierung nicht gesichert, sind Gespräche mit einer Bank wegen eines möglichen Kredites aufzunehmen. Sind die erforderlichen Betriebsmittel nicht vorhanden, müssen entsprechende Investitionen durchgeführt werden. Sperren sich die Banken gegen eine Kreditvergabe, ist das Projekt zu verwerfen.
Abb. 15 zeigt die tabellarische Darstellung dieser Verarbeitungsregeln. ET 2 (Abbildung 15b) stellt eine Entscheidungstabelle mit begrenztem Eingang dar. Dieser Typ von Entscheidungstabellen ist dadurch charakterisiert, daß

- die Bedingungssätze nur vollständige, streng determinierte, mit *ja* oder *nein* zu beantwortende Bedingungsaussagen enthalten
- die Bedingungseintragungen demzufolge lauten:

Ja	J
Nein	N
Blank	(nicht zutreffend)

- die Tätigkeitseintragungen sind:

X	(zutreffend, ausführen)
Blank	(nicht zutreffend, führe nicht aus)

ET 1	Projekte							
	1	2	3	4	5	6	7	8
Zeitplan erstellt	J	N	J	J	N	N	J	N
Finanzierung gesichert	J	J	N	J	N	J	N	N
Betriebsmittel vorhanden	J	J	J	N	J	N	N	N
Zeitplan erstellen		x				x		
Kreditgespräche führen			x		x		x	x
Investitionen durchführen				x		x		
Projektdurchführg. beginnen	x	x		x		x		
Projekt verwerfen								
Fortsetzung in			ET 2		ET 2		ET 2	ET 2

Abb. 15a

ET 2	Projekte							
	1	2	3	4	5	6	7	8
Kreditzusage erteilt	J	N	J	J	N	N	J	N
Zeitplan erstellt	J	J	N	J	N	J	N	N
Betriebsmittel vorhanden	J	N	J	N	J	N	N	N
Projekt verwerfen		x			x	x		x
Zeitplan erstellen			x				x	
Investitionen durchführen				x			x	
Projektdurchführg. beginnen	x		x	x			x	

Abb. 15b

Abb. 15: Entscheidungstabelle zur Projektplanung

Demgegenüber weisen Entscheidungstabellen mit erweitertem Eingang die folgenden Merkmale auf (ET 1):

– Die Bedingungseintragung kann nicht mit *ja* oder *nein* erfolgen, vielmehr lassen sich einer Bedingung verschiedene Zahlenwerte zuordnen.

– Die Tätigkeitseintragungen beschränken sich nicht mehr auf »zutreffend« oder »nicht zutreffend«, sondern können direkte Handlungsanweisungen oder arithmetische Ausdrücke oder Zahlen darstellen.

Häufig resultiert aus der tabellarischen Darstellung der Verarbeitungsregeln eine sogenannte gemischte Entscheidungstabelle, die sowohl begrenzte als auch erweiterte Eintragungen in den Bedingungseingängen enthält. Dieses wäre in dem Beispiel Projektplanung dann der Fall, wenn außer der Bereitschaft der Banken zur Kreditvergabe die Darlehenskonditionen eine Rolle spielen würden. Denkbar wäre beispielsweise die Bedingung, daß auch dann das Projekt zu verwerfen wäre, wenn die Banken auf einem Zinssatz von mehr als 8 % bestehen würden. Abb. 16 zeigt die entsprechende Entscheidungstabelle.

ET 3	Projekte							
	1	2	3	4	5	6	7	8
Kreditzusage erteilt	J	N	J	J	N	N	J	N
Zinssatz (%)	≦ 8	≦ 8	≦ 8	≦ 8	≦ 8	≦ 8	≦ 8	≦ 8
Zeitplan erstellt	J	J	N	J	N	J	N	N
Betriebsmittel vorhanden	J	J	J	N	J	N	N	N
Projekt verwerfen		x			x	x		x
Zeitplan erstellen			x				x	
Investitionen durchführen				x			x	
Projektdurchführg. beginnen	x		x	x			x	

ET 3	Projekte							
	9	10	11	12	13	14	15	16
Kreditzusage erteilt	J	N	J	J	N	N	J	N
Zinssatz (%)	> 8	> 8	> 8	> 8	> 8	> 8	> 8	> 8
Zeitplan erstellt	J	J	N	J	N	J	N	N
Betriebsmittel vorhanden	J	J	J	N	J	N	N	N
Projekt verwerfen	x	x	x	x	x	x	x	x
Zeitplan erstellen								
Investitionen durchführen								
Projektdurchführg. beginnen								

Abb. 16: Gemischte Entscheidungstabelle

Die Handlungsausgänge im Quadranten 4 einer Entscheidungstabelle können auch Verweise auf Fortsetzungstabellen darstellen. Solche Tabellen bezeichnet man als offene Entscheidungstabellen im Gegensatz zu den bisher dargestellten geschlossenen.
Ein weiteres Unterscheidungsmerkmal bietet die Auflistung der Kombinationsmöglichkeiten. Sind im Quadranten 2 der Entscheidungstabelle n Bedingungen aufgeführt, so

beträgt die Anzahl aller Kombinationen dieser Bedingungen 2^n. Sind alle 2^n-Kombinationsmöglichkeiten als Bedingungseintragungen im Quadranten 1 aufgeführt, liegt eine sogenannte vollständige Entscheidungstabelle vor. Oft lassen sich jedoch mehrere Kombinationsmöglichkeiten zu einer Regel zusammenfassen. Das Ergebnis ist eine sogenannte unvollständige Entscheidungstabelle. Bei der Zusammenfassung mehrerer Regeln zu einer Regel ist jedoch zu beachten, daß innerhalb einer Regel stets die *und*-Beziehung gilt, während für getrennte Regeln die *oder*-Beziehung maßgebend ist. Aus diesem Grunde sollte der Organisator bei dem Verzicht auf eine vollständige Tabelle besondere Vorsicht walten lassen.

Zum Abschluß der Darstellung der Entscheidungstabellentechnik sollen die Vorteile dieser Methode gegenüber verbalen Darstellungen sowie gegenüber Programmablaufplänen zusammengefaßt werden:

– Verbale Darstellungen und Programmablaufpläne beschreiben die Verarbeitungsprozesse sequentiell. Die Zusammenhänge sind schwer verständlich und Mißverständnisse sind nicht auszuschließen.

– Entscheidungstabellen stellen Bedingungs- und Handlungsaussagen parallel dar.

– Entscheidungstabellen liefern eine Überprüfung der Ist-Analyse auf Vollständigkeit:

Fehlende Bedingungseintragungen zeigen fehlende Tatbestände auf.

– Wegen der Unabhängigkeit der Entscheidungsregeln können Entscheidungstabellen leicht ergänzt, verbessert, erweitert oder abgeändert werden.

– Redundanzen und Widersprüche in der Ist-Analyse sind leicht aufzudecken.

– Entscheidungstabellen enthalten bereits die logische Aufgliederung eines Problems und erleichtern damit die Programmierung.

Abb. 17 zeigt abschließend einen Formularentwurf für Entscheidungstabellen.

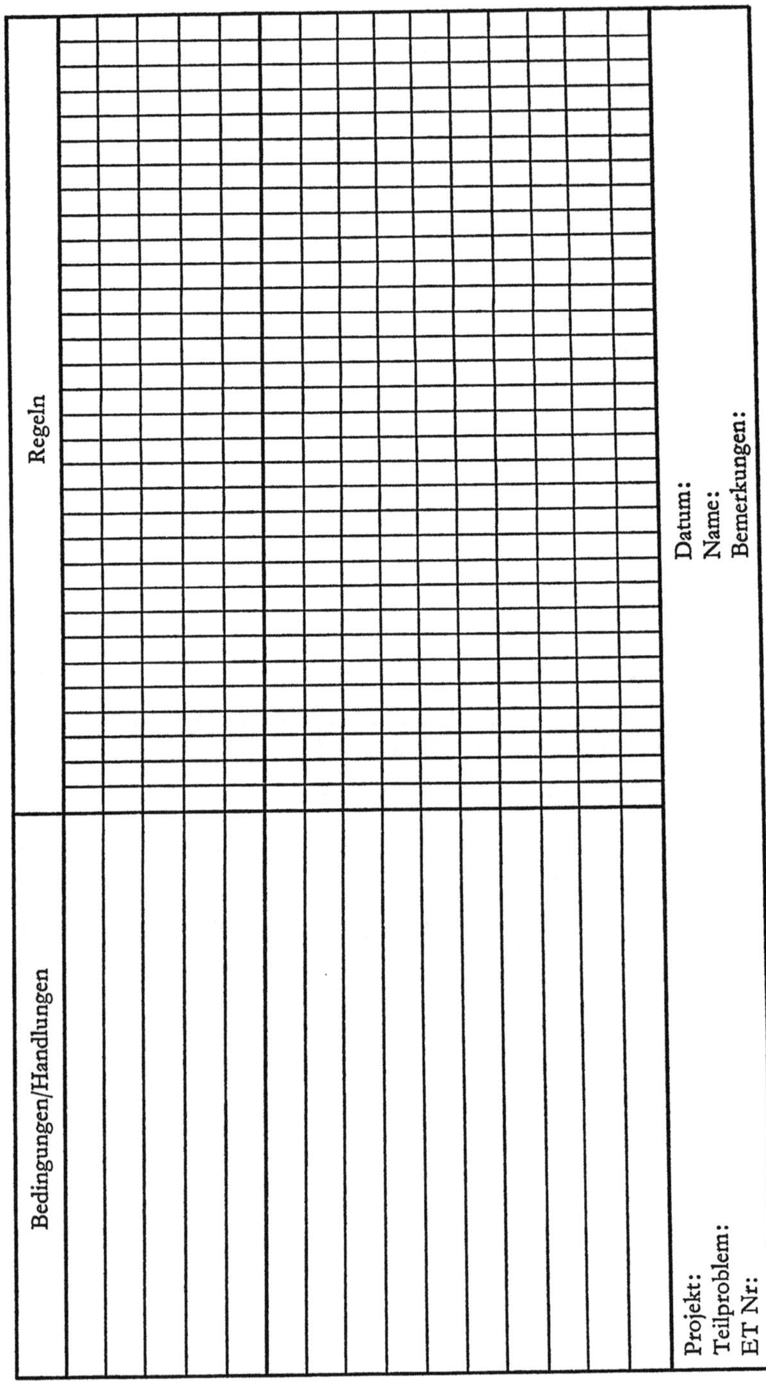

Abb. 17: Formularentwurf Entscheidungstabelle

4. Entwurf des Sollkonzepts (Rahmenvorschlag)

4.1 Anforderungen an das Sollsystem

4.1.1 Aufgabenanalyse

Die Planung der Sollkonzeption erfolgt in zwei Abschnitten, einer Grobplanung, welche mit dem Rahmenplan abschließt, und einer Feinplanung, welche mit der Programmvorgabe endet. Daran schließen sich Programmierung und Test an.
Die Aufgabenanalyse ist der erste Teil der Grobplanung.
Er umfaßt die Überprüfung der oft noch nicht präzise vorgegebenen Zielsetzungen, das Zusammenstellen von Art und Umfang der erforderlich werdenden Änderungen in einem Änderungskatalog und die ablaufmäßige Darstellung der neuen, organisatorischen Lösung (Sollablauf). Entsprechend gliedert sich dieser Abschnitt in drei Teile:

1. Die Präzisierung der Projektziele
2. Der Änderungskatalog
3. Der Sollablauf.

1. Die Präzisierung der Projektziele

a) Umfassende Information
Schon bei der Schwachstellenanalyse waren bestimmte Leitgedanken und Motive erkennbar. Die dort vorgenommene Kritik war jedoch noch zu stark am gegebenen Ist-System orientiert. Vielfach stand die Behebung eines Engpasses in einem der Unternehmensbereiche im Vordergrund. Oder man ging von dem allgemeinen Wunsch einer Verbesserung des Informationsflusses aus. Um aber ein aussichtsloses An- oder Umbauen eines schon von Anfang an zu engen und zu kurzfristig geplanten Systems zu vermeiden, muß das Projekt in einen langfristig konzipierten Rahmen gestellt werden. Das erfordert zunächst eine umfassende Information über die erreichbaren Möglichkeiten und die künftigen Entwicklungslinien. Neben den Gegebenheiten, wie sie aus der Ist-Darstellung erkennbar sind, benötigt man Daten über das langfristige Unternehmenskonzept (Unternehmenspolitik) und über erkennbare Tendenzen innerhalb und außerhalb des Unternehmens, soweit sie einen Einfluß auf das vorliegende Projekt ausüben können. Betriebs- und Branchenvergleiche, Herstellerinformationen und Literaturstudium sind dazu geeignet, den Beobachtungsstand zu erhöhen.

b) Allgemeine und operationale Ziele
Man unterscheidet allgemeine und operationale Ziele. Allgemeine Ziele entsprechen den Geschäftsgrundsätzen, welche den oft stillschweigend vorausgesetzten, äußeren Rahmen für das Projekt bilden. Hinzu kommen aber auch allgemein formulierte

Ziele, die sich auf einzelne Teilbereiche beziehen, wie zum Beispiel Verbesserung der Marktforschung, Minderung der Lagerbestände, Erhöhung der Durchsatzrate, Automatisierung der Fertigung zwecks Personaleinsparung, Personalkostensenkung in der Vertriebsplanung oder Rationalisierung des Rechnungswesens.
Operationale Ziele dagegen sind präziser gefaßt. Sie enthalten meist mehrere Nebenbedingungen. Es heißt dann beispielsweise nicht nur, daß das verausgabte Kapital in voller Höhe wieder zurückfließen soll, sondern es wird zusätzlich angegeben, in welcher Zeit und mit welcher Mindestrendite dies geschehen soll.
Je präziser die Zielvorgaben sind, um so eher können nachfolgende Fehlleitungen und Mißverständnisse vermieden werden. Liegt dann später der Rahmenvorschlag zur Entscheidung vor, dienen die Zielvorgaben als Beurteilungskriterien.

c) Bestimmung der Reihenfolge

Die Entscheidung darüber, in welcher Reihenfolge die verschiedenen Arbeitsgebiete automatisiert werden sollen, ist mitunter schon vor Untersuchungsbeginn von der Geschäftsleitung getroffen worden. In anderen Fällen wird sie erst später auf Grund eines detailliert vorliegenden Informationsmaterials gefällt werden können. Ob beispielsweise der Absatzbereich Vorrang vor der Lagerdisposition hat, die Rechnungsausfertigung vor der Beschaffungsplanung, die Gehaltsabrechnung vor der Fertigungsplanung, ob und in welcher Weise parallel gearbeitet wird, das hängt neben der sachlichen Zusammengehörigkeit einzelner Teilgebiete im wesentlichen von folgenden Faktoren ab:

- Dringlichkeit infolge von Engpässen
- Technischer Verschleiß und bevorstehende Neuinvestitionen
- Schnellerer Kapitalrückfluß
- Schwierigkeitsgrad des Projekts
- Höhere Einsparungsmöglichkeiten
- Bessere Auslastung des EDV-Systems.

d) Stufen der Automation

Man kann drei Automationsstufen unterscheiden:

1. Stufe: Mechanisierung von Routinetätigkeiten
2. Stufe: Integrierte Verarbeitung mit dispositiven Hilfen
3. Stufe: Management-Informationssysteme [1].

Der gesamte Prozeß der Automation benötigt nach vorliegenden Schätzungen rund 15 Jahre, wobei auf die erste Stufe 3 bis 5 Jahre entfallen, auf die zweite 4 bis 6 Jahre und auf die dritte 5 bis 7 Jahre.
Bei der Projektplanung ist darauf zu achten, daß das System zur nächsthöheren Automationsstufe hin offen bleibt. Welche Einflußgrößen sich daraus insbesondere für die Auswahl der DV-Anlage ergeben, werden wir später noch diskutieren.

[1] Vgl. Jacob, H., Schriften zur Unternehmensführung, Bd. 13, Wiesbaden 1972.

2. Der Änderungskatalog

Die Änderungen gegenüber der bisherigen Organisation können sich auf

- die organisatorische Struktur des Betriebes
- den Informations- oder Belegfluß innerhalb des Betriebes
- den Informations- oder Belegfluß von oder nach außen
- den Informationsfluß innerhalb der EDV-Anlage
- personelle, zeitliche, maschinelle, finanzielle oder sonstige Einsatzfaktoren

beziehen. Die Zusammenstellung der Änderungen in einer Liste kann unter Mitarbeit der zuständigen Sachbearbeiter sowie der verantwortlichen Gruppen-, Abteilungs- oder Ressortleiter erfolgen. Die vorgegebenen Zielsetzungen gelten dabei als Richtlinien.
Einen idealen Sollzustand wird es in der Praxis kaum geben. Die im Laufe der Diskussion auftauchenden Änderungswünsche sind daher mit den zur Verfügung stehenden Möglichkeiten abzustimmen. Im Zweifel werden Alternativ-Vorschläge gemacht, deren Realisierbarkeit später unter besonderer Beachtung der wirtschaftlichen Auswirkungen zu prüfen sein wird (vgl. Kapitel 4.3).
Der Änderungskatalog enthält also die kurz erläuterten Änderungs- und Alternativ-Vorschläge, wie sie sich aus einer schrittweisen Überprüfung des Istablaufes, aus der Diskussion mit den Mitarbeitern und aus anderen Informationsquellen (z. B. Literaturstudium, Unternehmensvergleiche usw.) ergeben haben.

3. Der Sollablauf

Der Sollablauf zeigt ein Bild der betrieblichen Vorgänge, wie sie nach Einführung des Projektes ablaufen sollen. Die EDV ist in dieses Bild integriert. Sie wird jedoch zu diesem Zeitpunkt in der Regel noch nicht ausführlich behandelt; der Datenfluß innerhalb des EDV-Systems bleibt unberücksichtigt.
Die Darstellung des Sollablaufes erfolgt am besten in einer der Techniken, wie wir sie bei der Ist-Analyse bereits kennengelernt haben. Oftmals wird eine Gegenüberstellung von Ist- und Sollablauf als zweckmäßig empfunden. Dabei wird das DIN-A-4-Blatt in drei Teile eingeteilt. Links wird der Istablauf und in der Mitte der Sollablauf dargestellt. Rechts stehen Bemerkungen zur Erläuterung der Änderungen. Hinzu kommt eine stichwortartige Darlegung der Vorteile. Diese vergleichende Gegenüberstellung besitzt ein hohes Maß an Überzeugungskraft für den Sollvorschlag. Gerade die nicht voll in alle Einzelheiten eingeweihte Geschäftsleitung kann ohne lange Einarbeitung die entscheidenden Änderungen überblicken. Weicht der Sollvorschlag allerdings zu stark vom Ist ab, oder handelt es sich um Neuland, das mit dem vorgelegten Entwurf betreten wurde, dann kommt eine Gegenüberstellung selbstverständlich nicht in Betracht.
Treten beim Entwurf des Sollablaufes besondere Probleme auf, dann können diese mit Hilfe verschiedener Planungsmethoden gelöst werden. Die einfache Probiermethode, deren Ergebnisse im wesentlichen auf Zufall oder Intuition beruhen, genügt mit zu-

nehmender Kompliziertheit der Zusammenhänge nicht mehr. Eine systematische Vorgehensweise wird erforderlich. Dabei stellt die Bildung von Modellen eine wesentliche Planungshilfe dar. Modelle beschreiben die funktionellen Zusammenhänge zwischen den verschiedenen Elementen eines Systems, wobei vom Unwesentlichen abstrahiert wird. Durch das Setzen verschiedener Prämissen können unterschiedliche Bedingungskonstellationen untersucht und ihre Auswirkungen auf die Zeit, das Personal, die Kosten und andere Einsatzfaktoren festgestellt werden.
Mehrere Lösungsalternativen erhöhen die Flexibilität der Planung. Das gilt sowohl für den gesamten Arbeitsbereich als auch für die einzelnen Teilabschnitte. Das Vorhandensein verschiedener Lösungsmöglichkeiten erweist sich im weiteren Verlauf der Planung oder auch später besonders dann als nützlich, wenn die eine oder andere Bedingung der vorgeschlagenen Lösung sich unerwartet ändert oder wenn sie ganz entfällt. Die Alternativlösungen werden zusammen mit sonstigen Erläuterungen zum vorgesehenen Hauptvorschlag im Anhang an die Sollablauf-Darstellung aufgeführt.

4.1.2 Planung der zu verarbeitenden Daten

In diesem Abschnitt werden diejenigen Daten zusammengestellt, welche im EDV-System zur Verarbeitung kommen sollen. Dazu gehören die Ein- und Ausgabedaten und die Programmdaten. Hierbei werden normalerweise noch nicht alle Einzelheiten festgelegt.
Ausnahmen von dieser Regel sind dann gegeben, wenn einzelne Teile der Istorganisation vollständig in die neue Sollkonzeption übernommen werden. Die während der Ist-Analyse aufgenommenen Angaben über vorliegende Ein- und Ausgabedateien usw. gelten dann auch für das neue Projekt. In allen anderen Fällen werden exakte Datensatz-, Datei- und Programmbeschreibungen erst im zweiten Abschnitt der Systemplanung, der Detailplanung, erarbeitet.
Üblicherweise beginnt die Planung der zu verarbeitenden Daten mit einer Zusammenstellung der Ausgabedaten. Es folgen die Eingabedaten und schließlich die Programmfunktionen. Entsprechend gliedert sich dieses Kapitel in:

1. Die Planung der Ausgabedaten
2. Die Planung der Eingabedaten
3. Die Planung der Programmfunktionen.

1. Die Planung der Ausgabedaten
Wenn man mit den Ausgabedaten beginnt, so hat das seinen Grund darin, daß die Verarbeitungsergebnisse zur Steuerung des Unternehmens dienen, während die elektronische Datenverarbeitung selbst in diesem Prozeß lediglich als Hilfsmittel eingesetzt wird, um die gewünschten Ergebnisse schneller, sicherer und möglichst auch kostengünstiger zu erhalten.
Bei der Zusammenstellung der Ausgabedaten sind folgende Fragen zu klären:

1. Wo liegt überhaupt ein Informationsbedarf vor?
2. Welche Informationsträger müssen erstellt werden?

3. Welche Daten werden jeweils im einzelnen benötigt?
4. Mit welchen Informationsmengen ist zu rechnen?
5. Welche Termine und sonstigen zeitlichen Erfordernisse sind zu beachten?

Zur Beantwortung dieser Fragen dienen der Änderungskatalog, die Sollablauf-Darstellung und ergänzend evtl. Daten aus der Istanalyse. Informationsträger sind beispielsweise Rechnungen, Produktionskataloge, Absatzanalysen, Statistiken usw. Es handelt sich dabei also um Listen, Formulare und Ausdrucke aller Art. Sie werden teilweise durch die EDV, teilweise aber auch manuell erstellt. Die manuell aufzubereitenden und zu verarbeitenden Informationsträger werden erst im Abschnitt über die Detailplanung beschrieben. Hier interessieren zunächst lediglich die elektronisch auszugebenden Daten. Diese werden nach Inhalt, Umfang und Periodizität je Informationsträger zusammengestellt.
Die praktische Vorgehensweise soll an einem einfachen Beispiel erläutert werden. Dabei folgen wir dem eben aufgestellten Fragenkatalog:

Beispiel
Aufgabe: Rechnungsschreibung per EDV
1. Die erste Frage bezieht sich auf den Informationsbedarf. Sie ist leicht zu beantworten: Der Kunde bekommt eine Rechnung, an die Buchhaltung geht eine Kopie.
2. Informationsträger sind also eine Rechnung und eine Kopie je Kunde.
3. Ein Informationsträger enthält einen oder mehrere Datensätze. Zum Beispiel bilden Kundenadresse einschließlich Kundennummer einen Satz. Oder die Bestelldaten. Hinzu kommen Firmenname, Anschrift, Kontonummer usw. Die einzelnen Ausgabedaten je Informationsträger werden untereinander auf eine entsprechende Liste notiert.
4. Die Mengenangaben beziehen sich einmal auf die voraussichtlich benötigte Stellenzahl (Bytes). Diese wird jeweils neben die einzelnen Ausgabedaten notiert und dann addiert.
Zum anderen sind damit auch die Anzahl der Rechnungen je Periode gemeint. Nehmen wir an, jeder Kunde erhalte jeden Monat eine Sammelrechnung. Das bedeutet, daß die (durchschnittliche, maximale und minimale) Kundenfrequenz erfaßt werden muß. Zweckmäßig sind außerdem Angaben über durchschnittliche, maximale und minimale Bestellmengen, Preise und Rechnungsbeträge.
5. Der Ausgabetermin richtet sich nach den betrieblichen Erfordernissen oder Gepflogenheiten. Hier nehmen wir beispielsweise den 25. eines Monats an.
Als Ausgabe könnte neben Rechnung und Kopie auch ein Datenspeicher wie z. B. das Magnetband dienen, auf dem Bestellmengen, Preise, Kundennummern und Rechnungsbeträge gespeichert sind. Eine solche Ausgabedatei kann dann z. B. für das automatische Mahnverfahren verwendet werden.

Nunmehr ist es möglich, den Speicherbedarf je Datensatz und je Datei abzuschätzen. Auch können bereits Ausgabespeicher und Ausgabedatenträger bestimmt werden, soweit sich dies hier schon absehen läßt. Dabei sind aber auch zukünftige Entwicklungstendenzen zu beachten. Erwartete Einschränkungen oder Erweiterungen der Kundenfrequenz oder der Bestellmenge müssen in das Planungskonzept mit einbezogen werden. Schließlich sind die Ausgabedaten aus den verschiedenen Arbeitsbereichen so aufeinander abzustimmen, daß keine (vermeidbaren) Überschneidungen auftreten.

2. Die Planung der Eingabedaten

Zu den Eingabedaten gehören alle Daten, aus denen sich die Ausgabedaten errechnen und zusammenstellen lassen. Im weiteren Sinne gehören dazu auch die Befehle des Programms in Form von Rechen- und Verarbeitungsregeln, welche zumeist in den Kernspeicher geladen werden. Im engeren Sinn jedoch sind damit die von den Datenspeichern oder -trägern in die Zentraleinheit eingegebenen Daten gemeint. Also die Bewegungs- und Stammdateien, Tabellen und sonstigen Datenbestände, die bei einem Programmablauf zur Verfügung stehen müssen.
Die Planung der Eingabedaten vollzieht sich in ähnlicher Form wie die Planung der Ausgabedaten. Auch hier ergibt sich ein Informationsbedarf, der zunächst festzustellen ist.
Welche Datenträger oder -speicher verwendet werden sollen, kann nur vorläufig festgelegt werden. Denn eine endgültige Bestimmung des zweckmäßigsten Eingabeträgers wird erst nach sorgfältiger Überprüfung aller in Frage kommenden Möglichkeiten im Zusammenhang mit der Konfigurationsplanung vorgenommen werden.
Auch die Fragen nach der Herkunft der Daten und nach dem Weg von der Datenentstehung bis zur Dateneingabe können vorläufig noch nicht endgültig geklärt werden. Grundsätzlich unterscheidet man drei Eingabeverfahren:

1. Datenentstehung → Urbeleg → Maschinenbeleg → Dateneingabe
2. Datenentstehung — — → Maschinenbeleg → Dateneingabe
3. Datenentstehung — — — — → Dateneingabe

Welches dieser Verfahren am zweckmäßigsten ist, hängt von den organisatorischen Erfordernissen, den zeitlichen Belangen und von der Höhe der Kosten ab. Die Frage nach der Herkunft der Daten bezieht sich auf die Abteilung, in der sie das erstemal anfallen und auf die Form, in der sie dort notiert werden. Das Eingabeverfahren je Datenträger braucht jedoch in dieser ersten Übersicht noch nicht festzustehen. Wichtig ist hier lediglich zu wissen, welche Eingabedaten woher bezogen werden können. Auf die Frage nach den zweckmäßigsten Eingabeverfahren kommen wir dann im Kapitel über die Ein- und Ausgabegeräte zu sprechen.
Damit ist das System geschlossen: Die Verbindungslinien von der Datenentstehung zum EDV-System und vom EDV-System zur Verwendung der ausgegebenen Daten durch den Benutzer sind aufgezeigt. Neben der Art der ein- und ausgegebenen Daten werden gleichzeitig Angaben über Datenmengen und über zeitliche Bedingungen gemacht. Zusammengefaßt lauten daher die im Verlauf der Eingabeplanung zu behandelnden Fragen folgendermaßen:

1. Welche Eingabedaten?
2. Welche Informationsträger?
3. Welche Informationsquellen?
4. Welche Datenmengen?
5. Welche Zeiterfordernisse?

Der Planungsablauf kann an Hand des im vorigen Punkt begonnenen Beispiels hier verfolgt werden.

Beispiel
Rechnungsschreibung per EDV
Nehmen wir an, die Firma benutzt einen Rechnungsvordruck mit Firmennamen, -adresse und Kontoverbindungen. Die Ausgabedaten seien Anzahl, Artikelbezeichnung, Preis, Rechnungsbetrag, Kundennummer und -anschrift sowie das Datum.
Zur Eingabe werden also benötigt:

- Kundenstammdaten (K-Nr., Anschrift, Rabatte)
- Artikelstammdaten (A-Nr., Bezeichnung, Preis)
- Auftrags- oder Bewegungsdaten (K-Nr., A-Nr., Bez., Anzahl, Preis usw.).

Aus diesen Angaben werden die Rechnungssumme und anschließend der Rechnungsbetrag ermittelt.

1. Eingabedaten sind die oben in Klammern aufgeführten Angaben.
2. Informationsträger sind zwei Stammdateien, die voraussichtlich auf Magnetbändern gespeichert werden, und eine Bewegungsdatei, die über Lochkarten eingegeben wird. (Die Bestelldaten können danach auf Magnetband gespeichert werden.)
3. Die Kundenstammdaten werden aus den Neuaufträgen und aus einer Rabattliste bezogen. Jedem neuen Kunden wird von der Buchhaltung eine neue Nummer zugewiesen. Die Rabatte werden von der Geschäftsleitung festgesetzt. Die Artikelstammdaten sind der Produktionsliste zu entnehmen. Preisänderungen und -neufestsetzungen werden ebenfalls von der Geschäftsleitung bestimmt. Entsprechende Unterlagen ergehen an die Buchhaltung. Die Auftragsdaten kommen von den Kundenauftragsscheinen aus der Verkaufsabteilung.
4. Hierher gehören wieder die Längenangaben je Datensatz und die Anzahl der Sätze je Datei. (Anzahl der erfaßten Kunden und Artikel, täglicher und monatlicher Bestelleingang.)
5. Die Kundenstammdaten müssen einmal monatlich geändert werden. Dies geschieht jeden 25. des Monats zusammen mit der Rechnungsschreibung im gleichen Verarbeitungsablauf. Die Artikelstammdaten werden in unregelmäßigen, von der Geschäftsführung vorher bekanntgegebenen Zeitabständen bereinigt und auf den neuesten Stand gebracht. Die Bestelldaten sind täglich einzugeben, um die Warenabhänge auszuweisen. Sie werden dann auf einem Magnetband gespeichert und am 25. d. M. zusammen mit den Kunden- und Artikelstammdaten zur Rechnungsschreibung eingegeben.

3. Die Planung der Programmfunktionen

Das Verbindungsglied zwischen Eingabe und Ausgabe ist das Programm. Je Arbeitsgebiet werden meistens mehrere Programme benötigt. Neben das eigentliche Hauptprogramm treten Sortierprogramme und Programme für den Änderungsdienst. Wie wir an dem einfachen Beispiel der automatischen Rechnungsschreibung bereits sehen konnten, war der Vorgang der Rechnungsschreibung nicht isoliert von dem Vorgang der Auftragsbestellung und dieser wiederum nicht losgelöst von der Bestandsfortschreibung zu sehen. Letztere wiederum ist abhängig von den Produktions- und Lagerdaten und so fort. Alle diese Vorgänge spiegeln sich im Verarbeitungsablauf innerhalb der Datenverarbeitungsanlage wieder und müssen bei der Aufstellung von Befehlslisten durch den Programmierer berücksichtigt werden.
Der Zusammenhang zwischen Verarbeitungsprogrammen, Eingabedaten und Ausgabedaten wird im Datenflußplan grafisch veranschaulicht. In der ersten Planungsstufe benötigen wir jedoch noch keine Ablaufdarstellung. Dennoch kann sich bei der Planung der Verarbeitung eine erste Grobskizze mit den verschiedenen Ein- und Ausgabedatenträgern bzw. -speichern als nützlich erweisen. Die einzelnen Arbeitsschritte sind dabei:

1. Zusammenstellung der Aufgaben je Arbeitsgebiet
2. Zusammenstellung der Ausgaben und Eingaben je Aufgabe
3. Zusammenfügung der Aufgaben je Maschinenlauf.

Damit haben wir eine Übersicht über Anzahl und Art der benötigten Programme erhalten. Bei der Detailplanung des Datenflusses kann sich später noch diese oder jene Änderung ergeben. Das braucht uns hier jedoch noch nicht weiter zu interessieren. Zweck dieses Planungsabschnittes ist es, Ansätze zur Schätzung von Art und Umfang der bevorstehenden Arbeiten für die Programmierung und für die EDV-Anlage zu erhalten. Zusammenfassend können wir feststellen, daß wir nunmehr über folgende Angaben verfügen:

1. Anzahl und Umfang der Datensätze für die Eingabe und für die Ausgabe;
2. Anzahl der Datensätze je Datei sowie maximaler, minimaler und durchschnittlicher Dateiumfang;
3. Verarbeitungsfrequenz je Datei (täglich, wöchentlich usw.);
4. Anzahl der Art der zur Verarbeitung benötigten Programme.

4.1.3 Planung der Verarbeitungsform

Die Verarbeitungsformen lassen sich untergliedern in

- Grundformen der Verarbeitung und
- Sonderformen der Verarbeitung.

Zu den Grundformen gehören: Stapelverarbeitung, Simultanverarbeitung und Parallelverarbeitung (Multiprogramming). Sonderformen und Realtime-Verarbeitung, Timesharing, Multiprocessing, Datenfernverarbeitung und kombinierte Systeme.

Man unterscheidet auch zwischen interner und externer Verarbeitung, je nachdem, ob die Verarbeitung der Daten im eigenen Unternehmen oder von anderen Unternehmen (Rechenzentren außer Haus) vorgenommen wird. Auch spricht man vom Online-Betrieb oder Offline-Betrieb. Im ersten Fall besteht eine direkte Verbindung zur Zentraleinheit (z. B. in der Datenfernverarbeitung), im letzteren Fall werden die Daten dezentral erfaßt, mit den üblichen Transportmitteln übertragen und dann erst in die DV-Anlage eingegeben.
Die Verarbeitungsform findet ihren Niederschlag im Betriebssystem. Zu jeder Verarbeitungsform benötigt man ein anderes Betriebssystem. Betriebssysteme sind vom Hersteller angebotene Programme, welche die Anlage in ihrem Arbeitsablauf steuern (Steuerprogramme) und darüber hinaus spezielle Hilfen für den Benutzer darstellen (Arbeitsprogramme). Die Aufgaben des jeweiligen Betriebssystems sowie der jeweils erforderliche Speicherplatz sollten dem Systemanalytiker bekannt sein. Im folgenden wollen wir uns mit den Grundformen beschäftigen.
Die *Stapelverarbeitung* ist die einfachste Verarbeitungsform. Sie findet in der Regel als periodische Einzelverarbeitung Anwendung. Dabei werden die Daten gesammelt und in periodischen Abständen verarbeitet. Entscheidendes Kriterium für die Stapelverarbeitung ist, daß die einzelnen Schritte, nämlich Eingabe, Verarbeitung und Ausgabe, zeitlich nacheinander ablaufen

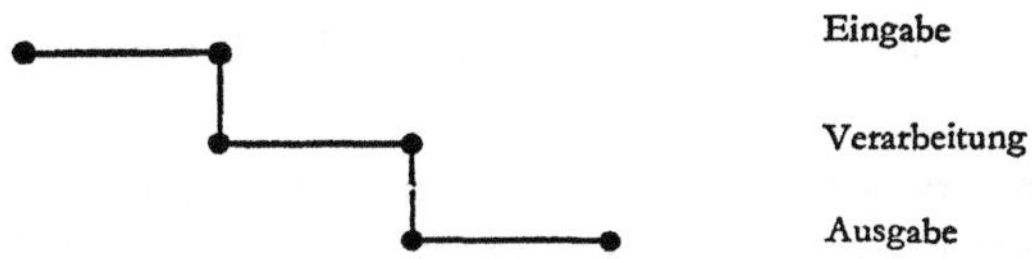

Abb. 17a

Abb. 17a: Verarbeitungszyklus bei Stapelverarbeitung

Die Grafik zeigt die Zeiten für die Verarbeitungsschritte. Dabei wurde die Darstellung stark vereinfacht, denn in Wirklichkeit ist die Zeit für die Ein- und Ausgabe wesentlich länger als die Zeit für die Verarbeitung in der Zentraleinheit; dennoch geht aus Abb. 17a hervor, daß ein neuer Schritt immer erst einsetzt, nachdem der vorangegangene Schritt beendet ist. In der dazwischenliegenden Zeit stehen die jeweils übrigen Geräte still.
Das heißt, die einzelnen Geräte der DV-Anlage sind zeitlich nicht voll ausgelastet. Besonders bei großen DV-Anlagen ist diese Lösung daher auf die Dauer ökonomisch wenig sinnvoll. Deshalb hat man ein anderes Verfahren entwickelt, nämlich die Simultanverarbeitung. Bei der Simultanverarbeitung werden die einzelnen Verarbeitungsphasen zeitlich ineinander geschoben. Grafisch kann das folgendermaßen veranschaulicht werden:

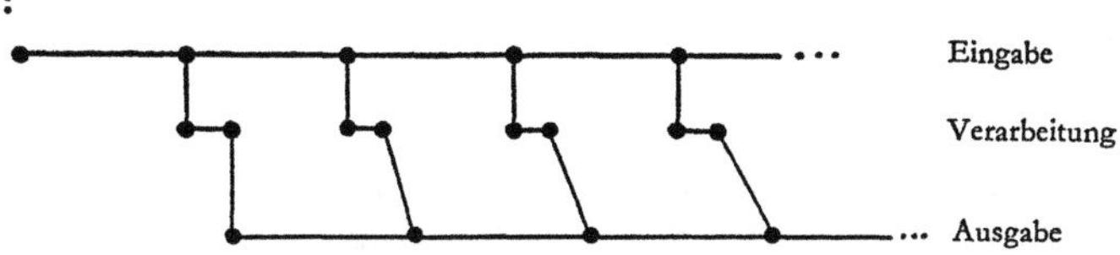

Abb. 17b: Verarbeitungszyklus bei Simultanverarbeitung

Beide periphere Geräte, z. B. ein Kartenleser und ein Drucker, arbeiten im Idealfall ununterbrochen. Zwischendurch verarbeitet die Zentraleinheit die Daten. Wir erkennen hierbei also ein zeitlich besser ausgelastetes EDV-System. Diese Verarbeitungsform findet Anwendung bei der periodischen Einzelverarbeitung, bei der Daten über einen längeren Zeitraum gesammelt werden und bei der Sofortverarbeitung, bei der die Daten ohne Zeitverzögerung bei ihrem zufälligen Auftreten unmittelbar verarbeitet werden.
Auch bei dieser Verarbeitungsform ist jedoch die Zentraleinheit nicht voll ausgelastet. Es kommt zwischenzeitlich zu Leerzeiten. Um auch diese Lücken noch auszunutzen, wurde die Parallelverarbeitung (Multiprogramming) entwickelt. Hier werden mehrere Programme parallel verarbeitet. Der Vorgang läßt sich grafisch folgendermaßen darstellen:

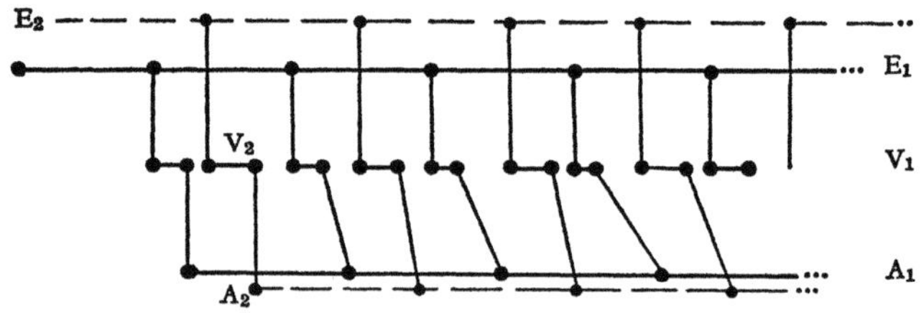

Abb. 17c: Verarbeitungszyklen bei Parallelverarbeitung

Es sind mehrere Ein- und Ausgabegeräte an eine Zentraleinheit angeschlossen. Es werden in Abb. 17c zwei Programme quasi gleichzeitig verarbeitet. Nicht immer werden zwei Programme in der Form harmonieren, daß alle Geräte so stark ausgelastet sind wie in Abb. 17c. Besonders gut geeignet für die Parallelverarbeitung ist die Kombination von ein/ausgabeintensiven Programmen mit rechenintensiven Programmen. Dann sind nämlich sowohl Zentraleinheit als auch periphere Geräte jeweils zwischenzeitlich gut ausgelastet. Durch Parallelverarbeitung erhöht sich nicht nur die zeitliche Auslastung der DV-Anlage, sondern es wird darüber hinaus auch die Speicherkapazität moderner Großrechenanlagen besser genutzt.
Die Sonderformen der Verarbeitung wollen wir hier nicht behandeln. Zur Realtime-Verarbeitung, zum Timesharing, zur Datenfernverarbeitung und zu anderen Sonderformen gibt es mittlerweile jeweils eine umfangreiche Spezialliteratur, auf die hier verwiesen wird. Dagegen ist die Frage, ob die Datenverarbeitung überhaupt mit einer eigenen Anlage oder ob sie »außer Haus« abgewickelt werden soll (interne oder externe Verarbeitung), von so allgemeiner Bedeutung, daß wir uns im folgenden mit ihr beschäftigen wollen.

Datenverarbeitung außer Haus

Die Verarbeitung der Daten kann außer Haus vorgenommen werden. Die hierbei zur Verfügung stehenden Rechenzentren sind Dienstleistungszentren oder Gemeinschaftszentren. Letztere sind Einrichtungen der Selbsthilfe und arbeiten nach dem Prinzip der

Kostendeckung. Es handelt sich dabei entweder um Verbandszentren, Einrichtungen der öffentlichen Hand oder um Kooperationseinrichtungen einzelner Betriebe. Dienstleistungszentren dagegen arbeiten auf Gewinnbasis. Hier kennt man entweder die Geschäftsstellen der Hersteller oder die unabhängigen Servicebüros. Man kann also zwischen vier Grundformen der Verarbeitung außer Haus unterscheiden:

- Verarbeitung außer Haus
  - Dienstleistungszentren
    - Geschäftsstellen der Hersteller
    - unabhängige Servicebüros
  - Gemeinschaftszentren
    - Kooperationseinrichtungen einzelner Betriebe
    - Verbandszentren u. Einrichtungen der öffentlichen Verwaltung

Wegen der relativ hohen Investitionskosten, die mit dem Betrieb einer eigenen Anlage verbunden sind, erscheint die Datenverarbeitung außer Haus besonders für kleinere und mittlere Unternehmen vorteilhaft.
An erster Stelle der Einwände gegen eine Ausgliederung bestimmter Verwaltungsbereiche sind Wahrung der Vertraulichkeit, Sicherung termingerechter Erledigung der Arbeiten und Vermeidung von Fehlern zu erwähnen.
Für die Datenverarbeitung außer Haus dagegen sprechen im wesentlichen folgende Punkte:

- Das Risiko ist geringer
- Die Kapitalbelastung ist niedriger
- Das Problem der Auslastung tritt nicht auf oder läßt sich leichter lösen
- Größere Anlagen bieten ein breiteres Leistungsspektrum
- Geringere Personalprobleme.

Die technischen und organisatorischen Probleme sind bei beiden Verarbeitungsformen lösbar. Steht daher die Frage nach der internen oder externen Verarbeitung zur Diskussion, dann ist es zweckmäßig, einen Wirtschaftlichkeitsvergleich vorzunehmen, d. h. die Kosten und Leistungen beider Lösungswege miteinander zu vergleichen.
Es kann auch erwogen werden, einzelne Teilaufgaben außer Haus verarbeiten zu lassen. Es mag ratsam erscheinen, bestimmte Programme ständig außer Haus zu geben, weil für sie gesonderte, im Betrieb nicht vorhandene Systeme oder Gerätetypen erforderlich wären und ihre Anschaffung aus verschiedenen Gründen nicht oder noch nicht lohnenswert erscheint. Auch ein Ausgleich von Spitzen- oder Zusatzbelastungen ist auf diesem Wege möglich. Neben der generellen oder vorübergehenden Ausgliederung einzelner Funktionen aus der laufenden Verarbeitung kann es sinnvoll sein, auch Aufgaben aus dem Bereich der Systemplanung (Systemanalyse, Programmierung) außer Haus zu geben.

4.2 Bestimmung der Konfiguration

Nachdem der Organisator die Anforderungen, die an das Soll-System gestellt werden, festgelegt hat, besteht für ihn die Aufgabe, eine geeignete Maschinenkonfiguration zu skizzieren, die diesen Anforderungen gerecht wird. Innerhalb dieser Planungsphase stellt sich für den Organisator noch nicht die Frage der Auswahl einer speziellen Anlage eines bestimmten Herstellers, vielmehr hat er an dieser Stelle zu entscheiden, welche Bestandteile und Eigenschaften für die maschinelle Datenverarbeitungsanlage des Soll-Systems mindestens erforderlich sind. Das Ergebnis dieser Überlegungen hat beispielsweise den folgenden Inhalt:
Für die Durchführung der im Soll-System projektierten Abläufe ist eine mittlere EDV-Anlage mit folgender Mindestausstattung erforderlich:

Kernspeicherkapazität: 16 K
Externe Speicher: direkter Zugriff, 3 Mio Stellen für die Datenspeicherung
Lochkartenleser: Lesegeschwindigkeit 400 Karten/min.
Lochkartenstanzer: Stanzgeschwindigkeit 100 Karten/min.
Drucker: 400 Zeilen/min.

Ausgangspunkt für die Konzipierung der Anlagenkonfiguration sind die Ergebnisse des Kapitels 4.1:

- Menge der zu verarbeitenden Daten
- Art der Datenträger
- Art der Verarbeitung der Daten
- Ausgabeform der erhaltenen Informationen.

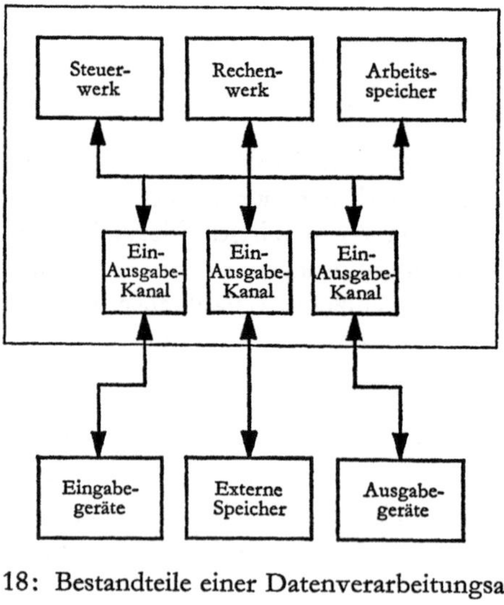

Abb. 18: Bestandteile einer Datenverarbeitungsanlage

Es ist demzufolge für den Organisator weniger wichtig, über die der Arbeitsweise der einzelnen Geräte zugrunde liegenden Technologie informiert zu sein, sondern zu wissen, was das einzelne Gerät zu leisten vermag, durch welche Kenndaten es charakterisiert wird und welche speziellen Geräteeigenschaften den Systementwurf beeinflussen können.
Jeder Computer besteht aus den vier Grundeinheiten: Eingabegeräte, Zentraleinheit, externe Speichereinheiten und Ausgabegeräte (Abb. 18). Mit welchen Gerätearten der Organisator diese Grundeinheiten realisiert, richtet sich nach der speziellen Soll-Konzeption. Die Bestimmungsgründe, die zum Einsatz der einzelnen Gerätearten führen, sollen im folgenden dargelegt werden.

4.2.1 Ein- und Ausgabegeräte

Die Bestimmungsgründe für den Einsatz von Ein- und Ausgabegeräten sind gekennzeichnet durch:

- Kosten, die das Gerät verursacht
- Einsatzmöglichkeiten
- Zuverlässigkeit
- Geschwindigkeit
- Ausbaufähigkeit
- Umweltbeeinflussung
- Daten- bzw. Informationsträger
- Datenverarbeitungsform
- Automatisierungsgrad der E/A-Geräte

Der Bestimmungsfaktor Kosten geht wesentlich in die zum Abschluß des Rahmenvorschlages zu erfolgende Realisierbarkeitsstudie ein. Im Vordergrund steht hier nicht der absolute Gerätepreis, sondern die Kosten pro erfaßtem bzw. ausgegebenem Zeichen.
Das Anwendungsspektrum bezieht sich auf die Möglichkeit, die Geräte sowohl für die Übernahme von Eingabe- als auch Ausgabefunktionen einzusetzen. Ein derart flexibles Anwendungsspektrum erhöht die Ausweichmöglichkeiten bei dem Ausfall eines Gerätes.
Die Zuverlässigkeit eines Gerätes bezieht sich sowohl auf geringe Störanfälligkeit während des Betriebes als auch auf die Genauigkeit der Datenerfassung bzw. Informationsausgabe.
Ein bedeutender Bestimmungsfaktor für die Auswahl eines E/A-Gerätes ist die Arbeitsgeschwindigkeit. Das Datenvolumen und die zur Verfügung stehende Zeit bestimmen einen Mindestwert. Verglichen mit der hohen Verarbeitungsgeschwindigkeit innerhalb der Zentraleinheit stellt die Datenein- und -ausgabe jedoch in der Regel einen Flaschenhals dar. Aus Kostengründen besteht für den Organisator in dieser Hinsicht eine wichtige Abstimmungsaufgabe. Zu diesem Problemkreis gehört ebenfalls die Wahl der geeigneten Verarbeitungsform.

Im Zuge wachsender Unternehmensgröße ist die Ausbaufähigkeit des Datenerfassungs- und des Informationsausgabesystems wesentlich. Dieser Gesichtspunkt ist außerdem bei der geplanten Umstellung weiterer Unternehmensbereiche auf elektronische Datenverarbeitung zu beachten.
Bei der Konzipierung der Konfiguration sollte der Organisator auch für günstige Arbeitsplatzbedingungen sorgen. Im Vordergrund steht hierbei die Verringerung des Lärmpegels.
E/A-Geräte und Datenträger bilden zusammen das Datenerfassungs- bzw. Informationsausgabesystem. Geräte und Datenträger bedingen sich wechselseitig. Aus diesem Grunde gehen die Bestimmungsfaktoren für die Datenträger in die Entscheidungskriterien für die Auswahl der E/A-Geräte ein:

Eigenschaften der Datenträger

- Korrekturmöglichkeit
- Sortierfähigkeit
- Wiederverwendbarkeit
- Haltbarkeit
- Gewicht
- Preis
- Kapazität
- Formatflexibilität
- Eignung für Datenfernverarbeitung
- Datensicherungsmöglichkeit
- Dauer der Datenerfassung
- Zugriffszeit
- Lesegeschwindigkeit.

Ein weiterer Bestimmungsfaktor für die E/A-Geräte ist die gewählte Verarbeitungsform der Daten. Wesentlich ist hierbei, ob der Computer on-line oder off-line gefahren werden soll.
Bezüglich der Datenerfassung realisieren die einzelnen Geräte unterschiedliche Automatisierungsgrade. Der Vorzug ist solchen E/A-Geräten zu geben, die eine automatische Datenerfassung erlauben gegenüber solchen, die manuell oder maschinell-indirekt die Daten erfassen.
Einen Überblick über die wichtigsten E/A-Geräte und ihre Eignung bezüglich der aufgeführten Bestimmungsfaktoren gibt die folgende Tabelle (Tab. 1).
Lochkarten, Lochstreifen und gedruckte Formulare sind die klassischen Ein- und Ausgabemedien.
Der Lochstreifen weist bestimmte Vorteile gegenüber Lochkarten auf:

- preisgünstigere Aufzeichnungsgeräte, die oft Zusatzgeräte zu anderen Büromaschinen darstellen
- einfache Bedienung der Lochstreifengeräte

	Gerätekosten Miete/Mon. (DM)	als E- u. A-Gerät geeignet	Geschwindigkeit ca.	Rückweisungsrate	Fehlerhäufigkeit	on-line	off-line	Umwelteinfluß	manuell	automatisch
Bildschirm	3 500	×	2 000 Bit/sec		—	×	(×)	+	(×)	×
Extern-Speicher										
Band		×	$5 \cdot 10^3$ — $5 \cdot 10^5$ Bytes/sec		—	×		+		×
Platte		×	$1{,}3 \cdot 10^5$ Bytes/sec		—	×		+		×
Key-Tape					—		×	+	×	
Klarschriftleser	4 000		7–30 Belege/sec							
Konsole		×				×		+	×	
Lochkartengeräte										
Leser	1 200		300–1 300 Bytes/sec							×
Stanzer			150–550 Bytes/sec		+		×	—	×	(×)
Leser/Stanzer	4 000	×								×
Lochstreifengeräte										
Leser	700 bis 1 500		150–1 500 Bytes/sec							×
Stanzer	200 bis 350		30–200 Bytes/sec				×	—	×	(×)
Magnetschriftleser			10–30 Belege/sec	—	—	(×)	×			×
Markierungsleser	1 200		10–20 Belege/sec	—	—	(×)	×			×
Plotter							×			×
Schnelldrucker	2 000 bis 7 000		800–10 000 Bytes/sec				×	—		×

Tab. 1: E/A-Geräte

- Verbindung mit Fernschreiber und Fernschreibnetz möglich
- schnelleres Aufzeichnen und Lesen
- große Speicherkapazität
- geringer Platzbedarf.

Demgegenüber sind die folgenden Nachteile des Lochstreifens verglichen mit der Lochkarte aufzuführen:

- Nichtsortierfähigkeit
- schwierige Kartei-Bildung
- schwierige Korrekturmöglichkeiten
- beschränkte Eignung für zusätzlichen Klartext
- ungeeignet als Beleg.

Der Hauptvorteil der Lochkarte gegenüber dem Lochstreifen ist ihre Sortierfähigkeit. Dieser Vorteil ist heute jedoch nicht mehr gravierend. Die modernen elektronischen Datenverarbeitungsanlagen sind nämlich in der Lage, unter Benutzung standardisierter Programme kostengünstig und schnell intern Daten zu sortieren, die in unsortierter Folge über Lochstreifen eingegeben werden. Aus diesem Grunde bemüht man sich, überall dort die Daten auf Lochstreifen zu erfassen, wo dieses als Nebenprodukt zu anderen Arbeiten möglich ist.

Auf anderen Gebieten wird die Lochkarten-Organisation durch die Datenerfassung auf Magnetband zurückgedrängt. Magnetbanderfassungsgeräte, sogenannte Key-Tapes, weisen gegenüber den Kartenlochern folgende Vorteile auf:

- Geräuscharmut
- höhere Geschwindigkeit
- geringere Datenträgerkosten
- geringere Fehlerquoten.

Ein weiterer Vorteil ist die Verwendung von Magnetband-Pooler-Einrichtungen. Sie stellen Datensammeleinrichtungen dar, die durch zentrale Datenspeicherung auf Magnetband und dezentrale Erfassungsplätze gekennzeichnet sind. Zur Zeit sind Pooler-Vorrichtungen auf dem Markt, die bis zu 32 Erfassungsplätze und 40 verschiedene Programme erlauben.
Alternativ zur Erfassung großer Datenmengen mittels Pooler-Vorrichtungen wird verstärkt die Belegleser-Organisation gewählt. Sie erspart das aufwendige manuelle Übertragen von Informationen aus Urbelegen in Datenträger. Die Belegleser-Organisation kennt drei Systemvarianten:

- Markierungsbelege
- Magnetschriftbelege
- Klarschriftbelege.

Markierungsbelege sind Formulare, in denen an vorgeschriebenen Positionen Strichmarkierungen angebracht werden, die vom Markierungsleser interpretiert werden. Das Haupteinsatzgebiet ist der Handel, wo Markierungsbelege als Bestellformulare benutzt werden. Aber auch bei Universitäten und Managerschulen finden Markierungsbelege als Immatrikulations- und Entscheidungsbögen zunehmende Verwendung.

Die Grundlage für Magnetschriftbelege ist das Magnetic Ink Character Recognition-Verfahren. Die Daten werden durch Magnetschriftzeichen dargestellt, die mit Hilfe eines magnetischen Abtastverfahrens gelesen werden. Zwei verschiedene Magnetschriften sind gebräuchlich:

Auf dem europäischen Kontinent CMC 7, und in Großbritannien und den USA E 13 B.

Die E 13 B Schrift besteht aus 14 Ziffern und 4 Sonderzeichen, die durch bestimmte Unterschiede in der Schriftdicke definiert sind.

Die CDC 7 Schrift setzt sich aus 10 Ziffern, 5 Sonderzeichen sowie den Buchstaben zusammen. Jedes Zeichen besteht aus 7 vertikalen Balken. Für die Zeichenerkennung sind die Abstände je zweier Balken bestimmend. Das Hauptanwendungsgebiet der Magnetschriftbelege liegt im Zahlungsverkehr.

Bei Klarschriftbelegen werden die Daten in einer stilisierten Schrift aufgezeichnet, die am meisten benutzte Schrift ist die nach DIN 66 008 genormte OCR-A Schrift (Optical Character Recognition Type A). Diese Schrift besteht aus 10 Ziffern und 4 Sonderzeichen. Durch photoelektrisches Abtasten von Kontrasten werden die Belege gelesen. Hauptanwendungsgebiete für Klarschriftbelege sind der Zahlungsverkehr, die Produktionssteuerung, Buchhaltung und das Versicherungswesen. Die Klarschriftbelegverarbeitung hat gegenüber der Magnetschriftbelegverarbeitung den Vorteil, daß normale Druckfarben und Farbbänder verwendbar sind, keine ferritfreien Spezialpapiere notwendig sind und eine Magnetisierung der Schrift vor dem Einlesen entfällt. Demgegenüber besitzt die Magnetschriftbelegverarbeitung den Vorteil höherer Lesegeschwindigkeit, höherer Fälschungssicherheit und der Lesbarkeit verschmutzter Belege.

Es wurde bereits oben darauf hingewiesen, daß ein wirtschaftlicher Einsatz von Beleglesern nur bei großem Datenanfall gegeben ist. Als Leitwert gilt die Zahl von 50 000 Belegen pro Monat. Die oben genannten Belegleseverfahren setzen sich jedoch immer mehr durch. Bei dem Entwurf von Formularen und Belegen sollte daher jeder Organisator einem möglichen späteren Übergang auf eine Belegleser-Organisation Rechnung tragen.

Das klassische Ausgabe-Medium ist der Schnelldrucker. Hierbei sind Seriendrucker und Paralleldrucker bzw. Typenhebeldrucker einerseits und Typentrommeldrucker und Kettendrucker andererseits zu unterscheiden. Die Beurteilung von Schnelldruckern kann an Hand der folgenden technisch-wirtschaftlichen Merkmale erfolgen:

- Geschwindigkeit
- Zeichenvorrat
- Zeilenlänge
- Preis
- Wartungsbedarf.

Soll die Informationsausgabe nicht in gedruckter Form erfolgen, sondern in graphischer, werden Plotter oder Displays eingesetzt.
Mit mechanischen Plottern lassen sich Zeichnungen auf normalem Papier erstellen. Elektronische Plotter zeichnen mit Hilfe eines Kathodenstrahles ein Bild, das auf Mikrofilm aufgenommen wird.
Zur vorübergehenden Darstellung von Zeichnungen werden Bildschirmgeräte, sogenannte Displays, verwandt. Der Hauptanwendungsbereich dieser Displays liegt jedoch dort, wo eine direkte Mensch-Maschine-Kommunikation erforderlich ist, d. h. bei Realtime-Verarbeitung. Insbesondere beim Aufbau innerbetrieblicher Management Information Systems ist an diese Form der Informationsausgabe zu denken.

4.2.2 Externe Speichereinheiten

Unter dem Sammelbegriff externe Speichereinheiten werden alle diejenigen zur Speicherung von Daten und Informationen benutzten Geräte subsumiert, die nicht unmittelbar zur Zentraleinheit gehören. Die ihnen zugrunde liegenden Speichermedien

- Magnetband
- Magnettrommeln
- Magnetplatten
- Magnetkarte

bilden die Basis der in einer Pyramide darstellbaren Speicherhierarchie (Abb. 19). Diese Speichermedien dienen als Massenspeicher. Für begrenzte Datenmengen können auch Lochkarten, Lochstreifen und Originalbelege als Speichermedien dienen. Charakteristische externe Speicher sind jedoch die oben aufgeführten Massenspeicher.
Vom anwendungstechnischen Standpunkt sind das Magnetband und die Magnetplatte die bedeutendsten Massenspeichermedien. Magnetbandspeicher werden überall dort eingesetzt, wo große Datenmengen möglichst kostengünstig in maschinell lesbarer Form gespeichert werden sollen. Außerdem werden diese Speicher wegen der bei diesen einzig möglichen Verarbeitungsform, dem batch-processing, dort eingesetzt, wo Informationen nur von einem Programm und in stets der gleichen Sortierfolge benötigt werden.
Demgegenüber bilden die Magnetplattenspeicher auf weiten Gebieten die Grundlage für die wahlfreie Verarbeitung großer Datenmengen. Sie erlauben die schnelle Verarbeitung von Daten in verschiedenen Programmen.
Trommelspeicher und Magentkartenspeicher gehören ebenfalls in die Gruppe derjenigen Massenspeicher, die die wahlfreie Datenverarbeitung erlauben. Der Trommelspeicher ist jedoch weitgehend von der Magnetplatte verdrängt worden und findet heute nur noch als Ergänzung der internen Speicher bei Multiprogramming und Time-Sharing Anwendung.
Der Magnetkartenspeicher ist erst in den letzten Jahren entwickelt worden und bekannt geworden unter dem Namen CRAM (Card Random Access Memory). Er stellt das kostengünstigste Massenspeichermedium mit wahlfreiem Zugriff dar. Wegen

der pneumatischen Heranführung der Karten an die Leseköpfe sind allerdings relativ lange Zugriffszeiten in Kauf zu nehmen.

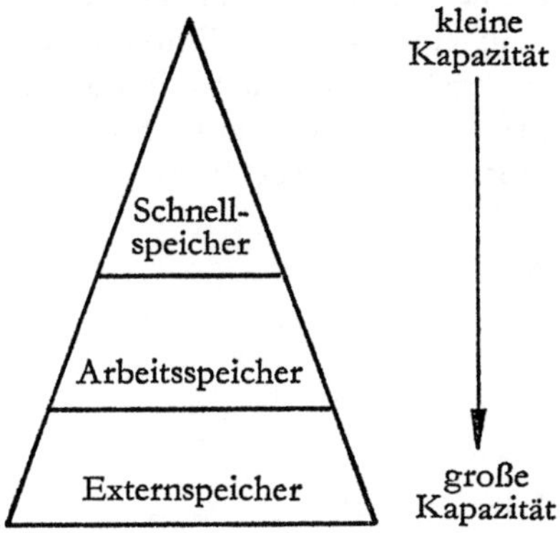

Abb. 19: Speicherhierarchie

Als Bestimmungsgründe für externe Massenspeicher lassen sich folgende Kriterien aufführen:

- Zugriffsverfahren
- Speicherkapazität
- Zugriffszeit
- Zeichendichte
- Übertragungsgeschwindigkeit
- Kosten.

Das Zugriffverfahren kennzeichnet die Vorgehensweise, in der die einzelnen Speicherstellen erreicht werden. Hierbei unterscheidet man

- direkten Zugriff
- halbdirekten Zugriff
- sequentiellen (indirekten) Zugriff

Der direkte Zugriff wird nur im Arbeitsspeicher der Zentraleinheit realisiert. Die externen Speichereinheiten arbeiten entweder mit halbdirektem oder indirektem Zugriff. Der halbdirekte Zugriff setzt sich zusammen aus einem direkten und darauffolgenden sequentiellen Zugriff. Der wesentliche Unterschied zwischen der halbdirekten und der sequentiellen Vorgehensweise liegt darin, daß bei sequentiellem Zugriff zu den gesuchten Daten dieser nur durch Überlesen sämtlicher zwischenliegender Daten erfolgen kann. Daraus folgt, daß der sequentielle Zugriff nur dann sinnvoll ist, wenn die Sortierfolgen der Bestandsdaten und der Bewegungsdaten gleich ist. Ist hingegen der Zugriff zu verschiedenen Daten in ungeordneter Folge erforderlich, so ist ein Speichermedium, das einen direkten Zugriff erlaubt, einzusetzen.

Die maximale Speicherkapazität ist die Zahl der vorhandenen Bit-Positionen. Durch Abzug der organisatorischen programmtechnisch notwendigen Kenndaten für die einzelnen Sätze erhält man hieraus die Nettokapazität. Bei Speichermedien mit direktem Zugriff ist es nicht notwendig, einen weiteren Einflußparameter zu beachten, weshalb von den Herstellern in der Regel die Nettokapazität angegeben wird. Demgegenüber ist die Kapazität eines sequentiellen Speichermediums abhängig vom Blockungsfaktor. Die Kapaztiät eines Magnetbandes berechnet sich zu

$$K = \frac{L_B \cdot L_S}{L_{PS}} \quad \text{wobei gilt}$$

$$L_{SP} = \frac{L_S}{D} + L_{SZ}$$

K = Kapazität

L_S = Satzlänge (Anzahl der Zeichen)

L_B = Länge des Bandes (cm)

L_{SP} = Speicherlänge des physischen Satzes (cm)

L_{SZ} = Länge des Satzzwischenraumes (cm)

D = Schreib- bzw. Lesedichte (Zeichen/cm)

Die Zugriffszeit kennzeichnet den Zeitbedarf, der benötigt wird, bis nach dem Aufruf einer Speicheradresse das entsprechende Speicherwort im Rechenwerk zur Verfügung steht.
Unter der Zeichendichte versteht man die Zahl der Zeichen, die auf einem Datenträger je Längeneinheit untergebracht werden können. Sie wird gemessen in Zeichen/Zentimeter bzw. BPI (Bytes per Inch).
Die Geschwindigkeit, mit der sich eine zusammenhängende Datenmenge vom Arbeitsspeicher zum externen Speicher oder in umgekehrter Richtung übertragen läßt, wird als Übertragungsgeschwindigkeit definiert. Sie wird angegeben in Zeichen/ Sekunde.
Aus den unterschiedlichen Preisen und Kapazitäten der einzelnen Datenträger ergeben sich unterschiedliche Kosten für die Abspeicherung pro Zeichen. Für einen Kostenvergleich ist jedoch zu berücksichtigen, ob die der Datenverarbeitungsanlage direkt zugängliche Kapazität eines Speichers oder diejenige Kapazität, die erst nach Eingriff des Bedienungspersonals zur Verfügung steht, in die Rechnungen eingegangen ist.
In der folgenden Tabelle 2 sind die Bestimmungsfaktoren für die einzelnen Speichermedien quantifiziert aufgeführt. Da die speziellen Eigenschaften der einzelnen externen Speichermedien eine wesentliche Rolle bei der Datenorganisation darstellen, wird auf weitere Einzelheiten und Zusammenhänge in diesem Kapitel eingegangen.

4.2.3 Zentraleinheit

Unter den Begriff Zentraleinheit faßt man die Teileinheiten Steuerwerk, Rechenwerk, interner Speicher und Ein/Ausgabe-Kanäle zusammen. Entsprechend dieser Zusammensetzung lassen sich folgende Bestimmungsgründe für die Zentraleinheit anführen:

Speichermedium	Kapazität Zeichen	Zeichendichte Zeichen/mm	Übertragungs-geschwindigkeit Zeichen/sec	Zugriffszeit sec	Zugriffsart	Preis Pfg./Zeichen
Magnetband	10^7	10,0–50,0	10^5	2,0 –200,0	sequentiell	0,1 – 0,5
Magnetplatte	10^8	0,2–10,0	10^5	0,05 – 0,5	wahlfrei	1,0 – 5,0
Magnettrommel	10^7	0,2–10,0	10^6	0,001– 0,1	wahlfrei	10,0 –100,0
Magnetkarte	10^9	5,0–10,0 Zeichen/mm²	10^5	0,2 – 1,0	wahlfrei	0,05– 1,0

Tab. 2: Externe Speichermedien

- Anzahl der Register
- Befehlsvorrat
- Befehlszeiten-Mix
- Größe des Arbeitsspeichers
- Art und Anzahl der Kanäle.

Der wesentliche Bestimmungsfaktor für das Steuerwerk ist die Anzahl der Register, da sie die Geschwindigkeit der Programmverarbeitung stark beeinflussen. Register sind sehr schnelle Speichereinheiten und bilden in vielen Anlagen einen separaten Schnellspeicher. Die wichtigsten Register des Steuerwerkes sind:

- Befehlsregister
- Indexregister
- Adressregister
- Operationsregister.

Speziell zur Frage der Indexregister sollte die mehrfache Indizierung erwähnt werden. Sie erlaubt die Modifikation des Inhaltes eines Registers durch den Inhalt eines anderen. Hierdurch kann die Verarbeitung wesentlich vereinfacht und beschleunigt werden.
Für das Rechenwerk sind zwei Bestimmungsfaktoren von Bedeutung: der Befehlsvorrat und der Befehlszeiten-Mix.
Hierbei hat der Organisator zunächst darauf zu achten, daß die Befehle, die für die Verarbeitung innerhalb des Soll-Konzepts benötigt werden, vorhanden sind. Die wichtigsten Befehlsgruppen sind:

- Ein- und Ausgabebefehle
- Aufbereitungsbefehle
- Festkommaarithmetik in Registern
- Gleitkommaarithmetik in Registern
- Dezimalarithmetik im Speicher
- Multiplikation und Division als Hardware-Einrichtung
- logische Operationen
- Vergleichs- und Verzweigungsoperationen.

Außerdem ist bei dem Befehlsvorrat zu prüfen, wie wirkungsvoll die Befehle sein müssen. Beispielsweise ist zu prüfen, ob bei Vergleichsoperationen mehrere Ausgänge mit »größer als, kleiner als, gleich, Null, ungleich« usw. zwingend notwendig sind.
Ausgangspunkt für die Hardware-Planung des Organisators ist die Soll-Konzeption und die dort ermittelte Anzahl der zu verarbeitenden Daten. Bestimmend für die Durchführungsdauer dieser Verarbeitung ist die Arbeitsgeschwindigkeit der Zentraleinheit. Es muß jedoch darauf hingewiesen werden, daß hierbei nur von der Verarbeitung der Daten und nicht von der Erfassung der Daten oder der Ausgabe der Informationen gesprochen wird. Um die Arbeitsgeschwindigkeit der Zentraleinheit zu quan-

tifizieren, sind sogenannte Befehlszeiten-Mixe erarbeitet worden. Um die Rechengeschwindigkeit zahlenmäßig zu erfassen, ist es nämlich notwendig, die Durchführungsdauern unterschiedlicher Befehle zu betrachten, da manche Computer über eine hohe Additionsgeschwindigkeit, andere hingegen über eine kurze Divisionszeit verfügen. Die Problematik dieser Mixe liegt darin, daß sie nur dann sinnvoll sind, wenn sie in ihrer Befehlszusammensetzung den später zu verarbeitenden Programmen ähnlich sind. Aus diesem Grunde sind unterschiedliche Mixe für technisch-wissenschaftliche und kommerzielle Aufgabenstellungen entwickelt worden.
Als Beispiel für einen technisch-wissenschaftlichen Mix sei der sogenannte GAMM-Mix aufgeführt:

$$T = \frac{1}{300} \cdot \left(t_1 + 2t_2 + 3t_3 + 4t_4 + \frac{1}{5} t_5 \right)$$

Hierbei bedeuten:

T = GAMM-Mix in Mikrosekunden

t_1 = Rechenzeit zur Bildung des Skalarproduktes zweier Vektoren mit 30 Komponenten

t_2 = Rechenzeit zur Bildung der Summe zweier Vektoren mit 30 Komponenten

t_3 = Zeit für die Berechnung eines Polynoms 10. Grades nach Horner

t_4 = Zeit für die Berechnung einer Quadratwurzel nach Newton mit 5 Iterationen

t_5 = Zeit zum Aussuchen der betragsgrößten Komponente eines Vektors mit 100 Komponenten

Je größer T, die Mix-Zahl, ist, um so langsamer ist die Arbeitsgeschwindigkeit des Computers.
Ein rein kommerzieller Mix ist der sogenannte Mix-I. Bei diesem werden logische Vergleiche, Übertragungen von einem fortlaufenden Speicherbereich mit bekannter Anfangsadresse in einen anderen, erfolgreiche und nichterfolgreiche bedingte Sprungbefehle und Additionsbefehle jeweils unterschiedlich gewichtet in einer effektiven Zahl von 59 Operationen zusammengesetzt.
Es wird dem Organisator empfohlen, von den einzelnen Herstellern die entsprechenden Mix-Kennzahlen der verschiedenen Anlagen zu erfragen. Hierbei ist jedoch zu beachten, daß stets nur gleiche Mixe miteinander verglichen werden können. Werden die Anlagen nicht alle nach dem gleichen Mix bewertet, ist das Verfahren sinnlos.
Ein wichtiger Bestimmungsfaktor für eine Zentraleinheit ist die Größe ihres Arbeitsspeichers gemessen in Kilo-Byte. Dabei ist jedoch zu beachten, daß der verfügbare Speicherraum, die Nettogröße des Arbeitsspeichers, sich aus der Bruttogröße, vermindert um die für das Betriebssystem benötigten Stellen, ergibt. Bei der Berechnung des Nettospeicherbedarfs aus der Menge der Daten und der Programmbefehle gilt als Faustregel für kommerzielle Anwendungsfälle, daß die ermittelte Stellenzahl mit 0,6 multipliziert, die Nettokapazität des Speichers in Byte angibt.

Die Steuerungsvorrichtungen, mit denen der Verkehr zwischen der Zentraleinheit und den peripheren Einheiten überwacht wird, werden Kanäle genannt. Die Zahl dieser Kanäle ist ein weiterer wesentlicher Bestimmungsfaktor für die Zentraleinheit. Hierbei ist zu unterscheiden zwischen Selektor-Kanälen und Multiplex-Kanälen. Selektor-Kanäle zeichnen sich durch hohe Transfer-Geschwindigkeiten aus und werden deshalb zum Anschluß sehr schneller peripherer Einheiten wie beispielsweise Extern-Speichern benutzt. Multiplex-Kanäle dagegen werden eingesetzt, um mehrere langsame Ein- oder Ausgabeeinheiten an die Zentraleinheit anzuschließen wie beispielsweise Lochkartenleser, Lochkartenstanzer oder Drucker. Ihre Aufgabe ist es, das Geschwindigkeitsgefälle zwischen der Zentraleinheit und den langsamen Ein- und Ausgabeeinheiten durch den gleichzeitigen Anschluß mehrerer peripherer Geräte auszugleichen. Nach Festlegung der peripheren Systemerfordernisse hat der Organisator folglich eine Zentraleinheit zu wählen, die auf Grund der vorhandenen Kanäle den Anschluß der in Aussicht genommenen peripheren Einheiten erlaubt. Vom Standpunkt möglicher späterer Erweiterungen der Anlage und der Austauschbarkeit peripherer Einheiten ist die Art der Kanalanschlüsse, der sogenannten Interfaces, von Bedeutung.
Standard-Interfaces erlauben den Anschluß einer peripheren Einheit an jedem beliebigen Anschlußpunkt. So können beispielsweise statt eines vorgesehenen Lochstreifenlesers und eines Lochkartenlesers zwei Lochkartenleser angeschlossen werden. Diesen Vorteilen der Standard-Interfaces steht jedoch nachteilig ein oft erheblich vergrößerter Umfang der Software für das Betriebssystem entgegen.

4.3 Realisierbarkeitsstudien

1. Inhalt und Ablauf

Die Grundkonzeption des EDV-Projekts ist jetzt entworfen. Sollablauf und Konfiguration sind skizziert, die zu verarbeitenden Daten sind erfaßt und die Verarbeitungsform ist bestimmt. Bei den vorzunehmenden Realisierbarkeitsstudien geht es um eine *Abstimmung* der Planungserfordernisse mit den betrieblichen Gegebenheiten. Die gefundene Lösung soll nicht nur praktisch realisierbar und ökonomisch vertretbar, sondern, alllgemein ausgedrückt, möglichst *optimal* sein. Um die Grundkonzeption wirtschaftlich beurteilen zu können, müssen die erforderlichen Faktoreinsätze ermittelt werden: Personalbedarf, Zeitbedarf und Kapitalbedarf. Die Untersuchungen münden dann in den Wirtschaftlichkeitsvergleich. Soll und Ist bzw. verschiedene Alternativkonzepte werden hinsichtlich ihrer Kosten und ihrer Leistungen einander gegenübergestellt. Die Realisierbarkeitsstudien sind im Ganzen gesehen unmittelbare Vorarbeiten für den nachfolgenden Rahmenvorschlag. Schwerpunkte der Untersuchungen sind:

- Überprüfung des organisatorischen Konzepts
- Ermittlung des Zeit- und Personalbedarfs
- Schätzung der Kosten und Leistungen
- Wirtschaftlichkeitsvergleich und Investitionsrechnung.

2. Das organisatorische Konzept

Das organisatorische Konzept ist nach mehreren Seiten hin zu durchleuchten. Sind durch die Wahl der Verarbeitungsform und die Festlegung der Konfiguration Umstellungen erforderlich geworden, dann ist der Sollentwurf insoweit abzuändern. Darüber hinaus ist folgendes zu beachten:
Ein jeder Teil des vorgeschlagenen Konzepts, jeder Arbeitsschritt, jeder Faktoreinsatz unterliegt bestimmten Bedingungen. Diese können sich auf den zeitlichen Einsatz, die Kapazitätsgrenzen, die technischen Gegebenheiten, die wirtschaftlichen und finanziellen Vorgaben, die psychologischen Voraussetzungen, die organisatorischen Strukturen innerhalb des Betriebes, die gesetzlichen Bestimmungen oder ähnliches mehr beziehen. Schritt für Schritt ist die Erfüllbarkeit solcher Bedingungen zu überprüfen und nötigenfalls eine Abstimmung zwischen dem geplanten Konzept und den unabänderlichen Gegebenheiten vorzunehmen.
Oberste Bedingung ist die Optimalität: Das gesamte Konzept soll die bestmögliche, wirtschaftlich günstigste Lösungsalternative sein. Auch in dieser Hinsicht ist der Sollentwurf einer kritischen Durchsicht zu unterziehen. Nicht selten kommt es bei der Überprüfung des Konzepts auch zu Zielkorrekturen, sei es, daß ein neues Anwendungsgebiet eine bessere Auslastung der vorgeschlagenen Anlage garantiert, oder sei es, daß sich inzwischen neue Tendenzen am Beschaffungs- oder Absatzmarkt abzeichnen.
Nach diesen mehr allgemeinen Untersuchungen geht es jetzt daran, den Zeit- und Personalbedarf zu ermitteln.

3. Der Zeit und Personalplan

Projektplanung umfaßt insgesamt fünf Komplexe:
Ist-Analyse, Sollentwurf, Detailplanung, Programmierung und Test, Umwandlung und Einführung. Gegebenenfalls kommt noch die Raumplanung hinzu.
Die Zeitdauer für die Projektplanung ist sehr verschieden, im mittleren Durchschnitt können ein bis zwei Jahre angesetzt werden. Projektumfang, Schwierigkeitsgrad, Sachkenntnisse, Erfahrungen, Einsatzbereitschaft, Qualität des Informationsstandes und des Informationsflusses usw. verschieben die Grenze nach oben oder unten. Daß die Projektplanung sehr sorgfältig sein muß und daher relativ zeitaufwendig ist, braucht nicht betont zu werden, denn das Unternehmen ist durch die hierbei getroffenen Entscheidungen in der Regel auf Jahre hinaus organisatorisch und finanziell gebunden.
Bei der Schätzung der Projektzeit kann es sich in diesem frühen Projektstadium lediglich darum handeln, erste *Richtwerte* zu ermitteln. Man kann zwei Verfahren unterscheiden. Beim ersten Verfahren geht man vom *Programmieraufwand* aus und beim zweiten von einer weitgehenden Unterteilung des Projekts in einzelne, überschaubare *Arbeitseinheiten*. Beide Methoden sollen im folgenden kurz erläutert werden.

Verfahren 1

Die Programmierzeit ist die Basisgröße. Die Dauer der übrigen Projektstufen wird als abhängig von dieser Basisgröße betrachtet. Um die für das Projekt benötigte Gesamtzeit von der Istanalyse bis zur Programmdokumentation zu ermitteln, wird die Basisgröße pauschal mit dem Faktor 2 multipliziert.
Die Dauer der Programmierung ist vor allem von vier Größen abhängig: Dem Programmumfang, dem Schwierigkeitsgrad, der Programmiererfahrung und der Anzahl der Ein- und Ausgabegeräte je Programm. Der Programmumfang wird gemessen an der grob geschätzten Anzahl der Befehle oder Codierblätter. Ein mögliches Schätzverfahren für die Programmierzeit wird weiter unten, im Abschnitt über den Programmablaufplan, ausführlich erläutert.
Es gibt empirische Untersuchungen über die Dauer der Programmierung, die ihren Niederschlag in Tabellen gefunden haben. Im Durchschnitt kann man mit 10 codierten Befehlen je Manntag rechnen. Für fünf Programme mit je rund 1000 Befehlen und einem Projektteam von fünf Fachleuten werden demnach rund 100 Arbeitstage benötigt. Bei durchschnittlich 21 Arbeitstagen je Monat kann für Programmaufbau, Codierung und Test mit einem Zeitraum von 5 Monaten gerechnet werden, erfahrene Programmierer vorausgesetzt.

Verfahren 2

Beim zweiten Verfahren der Zeitschätzung werden die einzelnen Projektphasen immer weiter untergliedert, solange, bis sich überschaubare Arbeitseinheiten gebildet haben. Für jede einzelne Arbeitseinheit werden dann die Zeiträume abgesteckt. Dabei können drei Maßstäbe angesetzt werden, je nachdem, ob es sich um eine optimistische, pessimistische oder durchschnittliche Berechnung handelt. Vor allem für den nachfolgenden Komplex der Detailplanung ist dieses zweite Verfahren vorteilhaft. Dort haben wir es im wesentlichen mit folgenden größeren Arbeitsabschnitten zu tun:

- Festlegung des Datenflusses
- Verschlüsselung der Daten
- Detailaufbau und Speicherorganisation
- Erstellung des Programmablaufplanes
- Aufbereitung der E/A-Formulare
- Bestimmung der Programmiersprache
- Anlagenauswahl
- Programmvorgabe und Dokumentation.

Die einzelnen Phasen werden dann weiter untergliedert. Der Abschnitt »Aufbereitung der E/A-Formulare« läßt sich zum Beispiel in drei Abteilungen gliedern:
1. Formularentwurf, 2. Festlegung der Ein- und Ausgabesicherungen und 3. Formularspezifikation.
Die Arbeitszeit für die Aufbereitung eines Formulars kann danach abgeschätzt werden (optimistisch, pessimistisch, durchschnittlich). Die Summe der Einzelzeiten je Formular

ergibt dann einen ungefähren Richtwert für diesen Arbeitsabschnitt. In gleicher Weise lassen sich auch die anderen Phasen in kleinere Einheiten aufteilen und abschätzen.
Den Abschluß einer jeden Arbeitsphase bildet die Information der verantwortlichen, vor- oder nachgeordneten Mitarbeiter in Form mündlicher oder schriftlicher Mitteilungen oder Berichte über den bisherigen Arbeitsverlauf.
Der effektive Personalbedarf bleibt vorerst noch unberücksichtigt. Die Angaben erfolgen in sog. Mann- oder Bearbeitereinheiten, also z. B. in Manntagen, Mannmonaten oder Mannjahren. Hierdurch wird eine größere Flexibilität der Planung erreicht. Die Anzahl der tatsächlich eingesetzten Bearbeiter (Mitarbeiter oder Fachberater) richtet sich dann nach der verfügbaren Personalkapazität. Diese wiederum bestimmt die Dauer der Projektplanung und -realisierung. Bei der ersten Schätzung des Zeitbedarfs wird also zunächst noch offen gelassen, ob z. B. ein Mann 10 Tage eingesetzt wird oder 10 Mann die gleiche Arbeit an einem Tag bewältigen sollen.
Der Personalbedarf für die Projektplanung ist also keine feste Größe. Will man die Dauer der Planungsphase abschätzen, dann muß man die Summe der Arbeitszeiten je Arbeitseinheit oder Arbeitsgang, gemessen in Manneinheiten (z. B. Manntagen), mit dem zur Verfügung stehenden Personal multiplizieren.
Jede der oben aufgeführten Arbeitsphasen wird grundsätzlich von einem Abschnitt eingeleitet, den man als *Arbeitsvorbereitung* bezeichnen kann. Dieser besteht im wesentlichen aus folgenden Maßnahmen:

1. Zerlegung des vorliegenden Arbeitsschrittes in kleinere Arbeitseinheiten.
2. Namentliche Bestimmung des Personals für die einzelnen Funktionen einschl. Leitung, soweit nicht schon gegeben.
3. Zeitplanung für die Arbeitseinheiten, Kontrolltermine.

Bei der Arbeitsvorbereitung handelt es sich also um eine sachliche, personelle und zeitliche Präzisierung der bevorstehenden Aufgabe. Sie kann von einem Planungsstab, den unmittelbar Beteiligten oder dem jeweils vorgesetzten Mitarbeiter vorgenommen werden.
Zeit- und Personalbedarf für die nachfolgenden Stufen der Programmplanung können in Tabellen oder grafischen Darstellungen veranschaulicht werden. Zu diesem Zweck werden auf einem DIN-A4-Blatt links die Arbeitsgänge notiert, daneben die personelle Besetzung und den geschätzten Zeitbedarf, rechts die Termine des Arbeitsbeginns und der Beendigung, jeweils mit Ist und Soll (Tab. 3). Zeitliche Überlappungen werden dabei nicht die Ausnahme, sondern die Regel sein.
Die Angaben in der Spalte »Personal« können auch durch namentliche Aufzählungen ergänzt oder ersetzt werden. Eine andere Darstellung, bei der die *zeitliche Überlagerung* der Arbeiten besonders gut sichtbar wird, bildet die folgende Grafik, bei der auf der Abszisse die Zeit und auf der Ordinate die Arbeitsgänge notiert werden (Abb. 20).
Der Personalbedarf *nach Einführung* des Projekts ist weitgehend abhängig von der Größe der EDV-Anlage. Üblicherweise werden folgende Größenklassen unterschieden: Anlagen bis 15 000 DM (I), Anlagen zwischen 15 000 und 45 000 DM (II), Anlagen zwischen 45 000 und 90 000 DM (III) und Anlagen über 90 000 DM (IV) Mo-

Detailplanung	Personal	Geschätzter Zeitbedarf (in Arbeitstg.)	Beginn		Beendigung	
			Soll	Ist	Soll	Ist
1. Arbeitsvorbereitung	1 Projektleiter	5	1.1.73		4.1.73	
a) Sachliche Abgrenzung						
b) Zeitschätzungen						
c) Personelle Besetzung						
d) Terminliche Absprachen						
2. Festlegung des Datenflusses	1 System-analytiker	10	4.1.73		14.1.73	
a) Aufgaben je Verarbeitungslauf		2				
b) Ein- u. Ausgaben		2				
c) Verknüpfung der Verarbeitungsläufe usw.		6				

Tab. 3: Zeit- und Personalbedarf während der Detailplanung

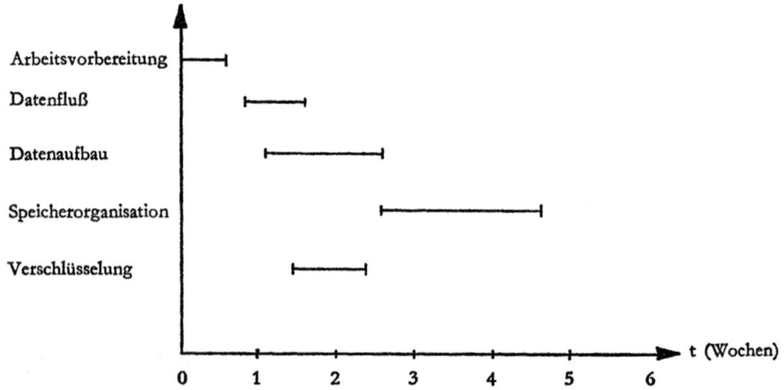

Abb. 20: Arbeitsablaufdiagramm für die Detailplanung

natsmiete. Der Personalbedarf für diese Gruppen kann wie folgt angegeben werden (Tab. 4):

Der Personalbedarf nach Einführung des Projekts ergibt sich nicht nur durch die Notwendigkeit der Maschinenbedienung und der Datenerfassung, sondern auch durch Programmpflege, durch Umstellungen aller Art, durch Erweiterungen der Organisation usw. Der Personalbedarf für Anlagen über 90 000 DM streut zu stark, als daß hierfür empirisch zuverlässige und allgemeinverwendbare Angaben gemacht werden könnten. Die Zahlen aus der Größenklasse III können jedoch als Mindestwerte angesehen werden:

Funktionen	Personalbedarf für EDV-Systeme mit einer Monatsmiete von DM:		
	bis zu 15 000 (4–16 K)	15 000–45 000 (8–64 K)	45 000–90 000 (64–128 K)
Systemanalyse	1–2	2–3	4–5
Programmierung	1–2	3–4	6–8
Maschinenbedienung	1	1–2	3–5
Lochen und Prüfen	Anzahl der Locherinnen (Prüferinnen) = Zahl der Zeichen/Monat / (Anschläge/Std. × Arbeitsstunden/Monat) Leistungsniveau 3 000–7 000 Anschläge/Std.		

Tab. 4: Personalbedarf nach der Implementierung

Nachdem der Zeit- und Personalbedarfsplan festgelegt wurde und damit zumindest eine ungefähre Vorstellung über Faktoreneinsatz besteht, können nun die Kosten und Leistungen des EDV-Projekts abgeschätzt werden.

4. Schätzung der Kosten und der Leistungen

Dieser Abschnitt soll folgendermaßen untergliedert werden:

a) Kosten- und Leistungsübersicht
b) Einmalige und laufende Kosten
c) materielle und immaterielle Leistungen
d) Kosten- und Leistungsschätzungen.

a) Die Kosten- und Leistungsübersicht

Die Kosten- und Leistungsübersicht ist eine wichtige Entscheidungsgrundlage für die Unternehmensleitung. Kosten und Leistungen müssen daher zusammengestellt und in ihrer Größenordnung geschätzt werden. Diejenigen Einflußgrößen, welche wertmäßig nicht bestimmt werden können, werden in verbaler Form hinzugefügt. Die Gliederung der Kosten- und Leistungsübersicht umfaßt folgende Punkte:

I. Kosten
1. Einmalige Kosten
2. Laufende Kosten.

II. Leistungen
1. Bewertete Leistungen
2. Sonstige Leistungen

Wir wollen uns zunächst ansehen, aus welchen Einzelpositionen die Kosten- und Leistungsgruppen üblicherweise bestehen. Danach sollen einige Hilfsmittel zur Schätzung ihres Umfanges bzw. ihrer Höhe erläutert werden.

b) Einmalige und laufende Kosten

Kosten sind die mit Planung und Durchführung des Projekts verbundenen Aufwendungen. Einmalige Kosten umfassen die durch Planung, Installation und Umstellung verursachten Aufwendungen. Laufende Kosten sind die zum Betrieb der Anlage und zur Durchführung des realisierten Projekts gehörenden Aufwendungen. Die Grenzen zwischen einmaligen und laufenden Kosten sind fließend. Für die endgültige Definition gibt es daher einen Ermessensspielraum. Gewöhnlich werden beide Kostengruppen folgendermaßen aufgeteilt (Abb. 21, Tab. 5):

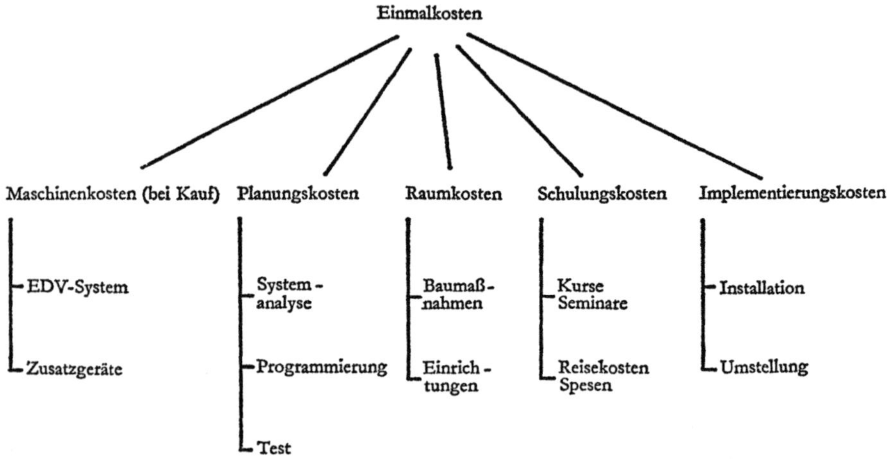

Abb. 21: Aufteilung der Einmalkosten

2. Laufende Kosten (je Periode)

Laufende Kosten (z. B. je Monat)	DM
Maschinenmiete (einschl. Wartungsaufwand) Personalkosten Raum-, Energie-, Materialkosten Sonstige Kosten	
Gesamtkosten je Periode	

Tab. 5: Zusammenstellung der laufenden Karten

c) Materielle und immaterielle Leistungen

Leistungen sind die Gesamtheit der durch das EDV-Projekt erzielbaren Verbesserungen. Häufig werden materielle und immaterielle Leistungen unterschieden. Materielle Leistungen sind die bewertbaren Leistungen. Sie finden ihren Niederschlag in meßbaren Kostenersparnissen und Umsatzerweiterungen. Dadurch vergrößert sich die Differenz zwischen Umsatz und Gesamtkosten des Unternehmens.

Kostenersparnisse liegen vor, wenn die durch das Projekt entstehende Kostenzunahme kleiner ist als die in den verschiedenen Abteilungen auftretenden Kostenminderungen.

Verteuerungen können sich durch beschleunigte Rechnungsschreibung, Beseitigung von Engpässen in der Fertigung, verbesserte Marktanalysen u. a. m. ergeben.
Immaterielle Leistungen sind nicht bewertbare Leistungen oder »Nebeneffekte« der EDV. Dazu zählen größere Schnelligkeit in der Bereitstellung von Informationen, vermehrte Sicherheit oder auch Verbesserungen des Informationsgehaltes. In der oben aufgeführten Gliederung erhalten die nicht bewertbaren Leistungen ihren Platz unter dem Stichwort »sonstige Leistungen«.
An welcher Stelle des Unternehmens oder in welcher Form sich Kostenvorteile oder sonstige Verbesserungen einstellen, kann durch eine systematische Überprüfung der Abteilungen ermittelt werden.

d) Kosten- und Leistungsschätzungen
Auch hier kann es sich zu diesem Zeitpunkt nur darum handeln, Größenordnungen abzustecken. Beginnen wir mit den einmaligen Kosten.

(1) Einmalige Kosten
Für die Einmalkosten lassen sich generell kaum Richtwerte ermitteln, da die Einflüsse von Fall zu Fall stark variieren, Projektumfang, Ausbildungsstand, Konfiguration usw. sind schwerpunktmäßig von Projekt zu Projekt immer wieder anders verteilt. Es können daher je Kostengruppe nur die wichtigsten Einflußgrößen aufgezählt werden. An Hand dieser Faktoren läßt sich die ungefähre Höhe der Kosten ermitteln.

(a) Maschinenkosten
Die Höhe der Maschinenkosten ist im wesentlichen abhängig von Größe, Ausstattung und Leistungsfähigkeit der Anlage. Diese drei Faktoren wiederum werden durch Art und Umfang der mit der EDV zu bewältigenden Aufgaben bestimmt. Zwar gibt es in diesem Stadium oft schon ungefähre Vorstellungen, solange aber die Programme noch nicht entwickelt sind, muß die Schätzung notwendig noch grob sein. Erfahrungswerte, Betriebsvergleiche und Herstellerinformation können eine wertvolle Hilfe sein. Die *Anschaffungskosten* einer EDV-Anlage betragen etwa das 40–60fache einer Monatsmiete. Bandsysteme sind billiger als Plattensysteme, unter anderem besonders deswegen, weil letztere einen höheren Kernspeicherbedarf haben.

(b) Planungskosten
Planungskosten hängen ab von der Anzahl der Mannmonate, die für das Projekt veranschlagt werden, und von der Qualifikation des benötigten Personals. Bei der Beratung durch externe Fachleute gibt es feste Richtwerte je Manntag. Bei Verwendung interner Mitarbeiter sind die Personalkosten anzusetzen. Zu berücksichtigen sind aber auch Nebenkosten, z. B. für Arbeitsplatz und Materialverbrauch oder Spesen.

(c) Raumkosten
Für die Raumkosten kommt es auf die Größe der EDV-Anlage, der Zahl der notwendigen Arbeits- und Nebenräume, den Umfang der erforderlichen Neu- oder Umbaumaßnahmen an (vgl. Abschnitt 6.2).

(d) Schulungskosten
Die Höhe der Schulungskosten hängt vom Ausbildungsstand und dem Grad der für das Projekt benötigten Kenntnisse und Erfahrungen ab. Bei einem Projektteam von zehn Mitarbeitern, rund 100 DM je Kurstag einschl. Spesen und Reisekosten und bei zehn Arbeitstagen Ausbildung wären z. B. 10 000 DM anzusetzen.

(e) Implementierungskosten
Installationskosten betragen etwa ein bis anderthalb Monatsmieten. Für die Umstellung werden mindestens drei Monate anzusetzen sein. Besonderes Gewicht haben hier die Zeiten für Umwandlung und Probleläufe (vgl. Abschnitt 6.4).

(2) Laufende Kosten
Die laufenden Kosten können in ihrer Größenordnung aus der Höhe der Anlagemiete abgeleitet werden. Das wird mit Hilfe eines Kostenfaktors erreicht. Die Miete für das EDV-System wird mit diesem Faktor multipliziert. Das Ergebnis sind die laufenden Gesamtkosten je Periode, so wie wir sie oben zusammengestellt haben. Der Kostenfaktor berücksichtigt die üblicherweise benötigten Personalkosten, Raummieten, Materialkosten usw.
Die in einer Reihe von Unternehmen durchgeführten Untersuchungen weisen Kostenfaktoren zwischen 1,8 und 3,0 aus. Die relative Höhe der Kostenanteile sinkt mit steigender Anlagenmiete. Eine genauere Übersicht über die durchschnittlichen Kostenfaktoren zeigt folgende Aufstellung:

Größenklasse : (Monatsmiete)	*Kostenfaktor :*
unter 15 000	2,5–3,0
15 000–45 000	2,2–2,6
45 000–90 000	1,8–2,3

Der Kostenfaktor für Anlagen mit einer Monatsmiete *über* 90 000 DM tendiert auf Werte von weniger als zwei. Bei einem EDV-System mit einem monatlichen Mietwert von zum Beispiel 14 000 DM liegen die monatlichen Gesamtkosten zwischen 35 000 und 42 000 DM. Wird die Anlage nicht gemietet, sondern käuflich erworben, dann können bei Investitionsrechnungen oder Wirtschaftlichkeitsvergleichen die kalkulatorischen Abschreibungen an Stelle der Anlagenmiete in Ansatz gebracht werden. Für den erforderlichen Kapitaleinsatz kann darüber hinaus ein kalkulatorisch ermittelter Zinsbetrag berechnet werden.

(3) Leistungen
Bewertbare Leistungen sind in aller Regel Kostenersparnisse, welche in den verschiedenen Abteilungen auftreten. Wir hatten festgestellt, daß Einsparungen dann gegeben sind, wenn die Kostenzunahme durch Kostenminderungen übertroffen wird. Das einfachste Verfahren zur Ermittlung der Einsparungen ist das folgende (Tab. 6):
Dabei werden alle betroffenen Abteilungen überprüft. Bei der Position »Maschinen« werden die monatlichen beziehungsweise jährlichen Mieten eingesetzt. Handelt es sich

Faktoreinsatz	Kostenzunahme (in DM je Periode)	Kostenabnahme (in DM je Periode)
1. Personal		
Abteilung A		
Angestellte Typ I		
Angestellte Typ II		
Angestellte Typ III		
Abteilung B		
Angestellte Typ I		
Angestellte Typ II		
etc. ...		
2. Maschinen		
Typ I		
Typ II		
etc. ...		
3. Raum-, Energie-, Materialkosten		
Miete		
Strom		
Formulare		
etc. ...		
Sonstige Kosten		
Gesamtbeträge:		

Tab. 6: Kostenvergleich konventioneller und elektronischer Datenverarbeitung

um gekaufte Anlagen, können statt dessen auch die Abschreibungsbeträge verwendet werden. Das Ergebnis der Gegenüberstellung ist ein Saldo. Dieser weist die Höhe der Einsparungen oder Mehraufwendungen je Periode aus, die durch die Realisierung des geplanten Projekts entstehen.

Die Umsatzerweiterungen können in der Regel nur schwer erfaßt werden. Am einfachsten ist noch jener Fall, bei dem als Folge des EDV-Einsatzes eine neue Ware am Markt angeboten werden kann. Richtwert ist dann das Produkt aus geplantem Verkaufspreis mal erwarteter Absatzmenge. In anderen Fällen können annäherungsweise einige Prozente vom Deckungsbeitrag in Ansatz gebracht werden.

Eine weitere Möglichkeit zur Erfassung der Leistungen bietet sich durch folgendes Verfahren:

Die den betroffenen Fachbereichen vorstehenden Abteilungsleiter werden gefragt, was ihnen die durch die neue Organisation vermittelten Informationen wert sind, d. h., wieviel Geld sie ausgeben würden, wenn sie die vorliegenden Leistungen am Markt käuflich erwerben könnten.

Ist eine Bewertung der Leistungen nicht oder nur mit unverhältnismäßig großem Aufwand möglich, bleibt nur die verbale Darstellung übrig. Dies gilt besonders für die »Nebeneffekte«. Nicht selten sind es gerade sie, die den Ausschlag für das Projekt geben.

5. Wirtschaftlichkeitsvergleich und Investitionsrechnung

Wirtschaftlichkeitsuntersuchungen sind stets Vergleichsrechnungen. Ist und Soll oder mehrere zur Diskussion stehende Alternativen werden einander gegenübergestellt. Wir wollen hier kurz zwei Verfahren behandeln:
Eine Kostenvergleichsrechnung und eine Investitionsrechnung.

a) Kostenvergleichsrechnung

Bei der einfachen Kostenvergleichsrechnung werden die Kosten beider Verfahren miteinander verglichen (Tab. 7):

Kosten je Periode (z. B. Jahr)	Verfahren I	Verfahren II
Personalkosten		
Raum-, Energie-, Materialkosten		
Sonstige Kosten		
Gesamtkosten		

Tab. 7: Schema einer Kostenvergleichsrechnung

Über die in der Tabelle hinaus aufgeführten Positionen hinaus können auch kalkulatorische Abschreibungen und kalkulatorische Zinsen je Periode berücksichtigt werden. Die einfache Kostenvergleichsrechnung ist die in der Praxis am häufigsten angewendete Methode des Wirtschaftsvergleichs. In der Gegenüberstellung werden sowohl die Kosten für die EDV-Anlage als auch die Kosten für die bisher benutzten Einsatzmittel aufgenommen. Die Rechnung umfaßt darüber hinaus alle innerhalb des Anwendungsgebietes liegenden Aufwendungen, so wie sie bisher entstanden sind und so wie sie sich aus dem Projektplan für die Zukunft ergeben werden. Die Differenz zwischen den Gesamtkosten beider Verfahren sind die Kostenänderungen. Das sind also entweder die Mehraufwendungen oder Einsparungen gegenüber dem alten Verfahren. In vielen Fällen wird es einfacher sein, nicht die Gesamtkosten beider Verfahren gegenüberzustellen, sondern lediglich die durch die geplante Organisation entstehenden *Kostenzu- oder -abnahmen* zu erfassen. An Stelle der eben dargestellten Übersicht ist dann die unter Abschnitt 4d erläuterte Tabelle zu verwenden.

b) Investitionsrechnung

Die gängigsten Verfahren zur Beurteilung der Vorteilhaftigkeit einer Investition sind die Kapitalwertmethode, die Annuitätsmethode und die Methode des internen Zinsfußes (48). Ebenfalls weitverbreitet ist eine andere, in den USA entwickelte Investitionsrechnung: Die MAPI-Methode (MAPI = Machinery and Allied Products Industrie). Dieses Verfahren ist wegen der Benutzung von MAPI-Tabellen rechnerisch sehr einfach durchzuführen.

Die Kostendifferenz zwischen Ist und Soll, wie sie aus der Gegenüberstellung der beiden zur Diskussion stehenden Verfahren gewonnen wurde, wird mit dem Produkt aus Anschaffungs- einschließlich Umstellungskosten der EDV-Anlage und einem Prozentsatz verglichen.
Der Prozentsatz setzt sich aus dem am Markt jeweils bestehenden Zinssatz (z. B. 10 %) und einem Prozentfaktor aus der MAPI-Tabelle zusammen. Die Höhe des Prozentfaktors ist von der geschätzten Nutzungsdauer der EDV-Anlage abhängig. Die Nutzungsdauer der meisten Anlagen beträgt heute trotz relativ schneller Veralterung infolge des raschen technischen Fortschritts rund 7 Jahre. Wir wollen die Investitionsrechnung kurz an Hand eines Beispiels erläutern:

1. Soll und Ist werden miteinander verglichen. Die jährlichen Kostenersparnisse (vgl. oben, Punkt 5a) betragen jährlich rund 265 000 DM.
2. Anschaffungs- und Umstellungskosten der EDV-Anlage machen jährlich etwa 800 000 Mark aus.
3. Die geschätzte Nutzungsdauer betrage 7 Jahre. Der entsprechende Prozentfaktor aus der MAPI-Tabelle beläuft sich auf 21 %.
4. Der derzeit geltende Marktzins für langfristige Kredite habe die Höhe von 10 %.

Die jährlichen Kosten betragen
$(21+10)\ 800\,000/100=250\,000$ DM.
Der Einsatz der EDV-Anlage lohnt sich. Lägen die Kostenersparnisse unter den Anschaffungs- und Umstellungskosten, dann würden drei Gesichtspunkte zu prüfen sein:

(a) Läßt sich das geplante Projekt auch über eine EDV-Anlage abwickeln, welche kleiner, nicht ganz so leistungsfähig oder kostengünstiger ist?
(b) Können weitere Anwendungsgebiete einbezogen werden?
(c) Rechtfertigen trotz der ungünstigen Kostenbilanz noch andere Gründe die Anschaffung einer EDV-Anlage?

c) Dynamische Rechnungen

Die bisherigen Darstellungen berücksichtigen noch nicht den unterschiedlichen zeitlichen Anfall der Einsparungen und der Ausgaben. Einsparungen, welche heute erzielt werden können, sind mehr wert als diejenigen, welche erst in zwei oder drei Jahren auftreten. Dagegen wiegen heutige Ausgaben schwerer gegenüber späteren Zahlungen. Um eine genauere Aussage über die Vorteilhaftigkeit einer Investition machen zu können, müssen die Ausgaben und die Einsparungen zeitlich bestimmt und dann diskontiert werden.
Die Kostenübersicht aus Abschnitt 4.d ist in diesem Fall folgendermaßen zu erweitern (Tab. 8).
Die mit der Investition verbundenen Gesamtausgaben werden entsprechend ihrem zeitlichen Anfall notiert. Anschließend werden die Beträge jeweils auf den Zeitpunkt des Beginns der Investition diskontiert. Der Gegenwartswert eines Betrages von z. B. 1000 DM, der in vier Jahren fällig ist, wird folgendermaßen abgezinst (diskontiert):
$1000\ (1+0{,}1)^{-4} = 683$ DM.
Die in vier Jahren fälligen 1000 DM sind bei einem angenommenen Zinssatz von 10 % heute nur 683 DM wert.

Faktoreinsatz	Kostenänderungen in DM					
	1973		1974		1975	
	Zu-nahme	Ab-nahme	Zu-nahme	Ab-nahme	Zu-nahme	Ab-nahme
1. Personal 2. Maschinen . .						
Gesamtbeträge:						
Einsparungen/ Mehraufwendungen						

Tab. 8: Dynamischer Kostenvergleich

6. Auslastung der EDV-Anlage

Die Auslastung der geplanten EDV-Anlage ist von zwei Seiten her zu betrachten, einmal von der zeitlichen Inanspruchnahme und zum anderen von der Speicherkapazität.

a) Die Speicherkapazität

Die Größenordnung der EDV-Anlage wird durch die interne und die externe Speicherkapazität bestimmt. Der Bedarf richtet sich in erster Linie nach dem Speicherplatz für diejenigen Programme und Dateien, welche während der Verarbeitungsläufe in der Anlage gespeichert werden müssen.
Der Speicherbedarf für die Dateien läßt sich aus den bisherigen Planungen (vgl. Kapitel 4) ungefähr abschätzen. Denn wir kennen bereits

- die Anzahl der Daten je Datensatz,
- die Anzahl der Datensätze je Datei (einschl. Schwankungen).

Wenn auch die Angaben nicht detailliert vorliegen und sich noch manches ändern kann, so haben wir doch Anhaltspunkte, um die Höhe des Speicherbedarfs für die externen Speicher schätzen zu können. Berücksichtigt werden müssen auch extern zu speichernde Übersetzungs- und Dienstprogramme. Angaben hierüber erhält man beim Hersteller.
Der Speicherbedarf für die Programme dagegen bereitet etwas mehr Schwierigkeiten. Er kann endgültig erst festgesetzt werden, wenn die Programme geschrieben sind. Vorläufige Angaben sind frühestens nach der Erstellung des Programmablaufplanes möglich. Hier wird man sich daher auf die Erfahrungen verlassen müssen, die aus ähnlich gelagerten Problemen oder Arbeitsgebieten in anderen Unternehmungen oder Unternehmensbereichen vorliegen. Zwar ergeben sich je nach den besonderen Gegebenheiten individuelle Unterschiede, dennoch wird man durch solche Vergleiche in die Lage versetzt, wenigstens in etwa den Bereich anzugeben, der für die EDV-Arbeiten benötigt wird. Der Benutzer kann zwischen 16, 32, 64, 128, 256, 512 und mehr K-Bytes wählen. Erforderliche Informationen und Erfahrungswerte erhält er vom Hersteller.

Von ihm läßt er sich auch die jeweilige Netto-Speicherkapazität der in Frage kommenden Anlagen geben. Das ist diejenige Kapazität, die ihm für Dateien und Programme zur Verfügung steht. Um allerdings genauere Aussagen machen zu können, muß sich der Organisator auch mit den verschiedenen Betriebssystemen vertraut machen, zwischen denen er wählen kann. Sie benötigen einen erheblichen Teil des Speicherplatzes. Die Wahl des Betriebssystems wiederum hängt wesentlich von der Verarbeitungsform ab, für die man sich entschieden hat (vgl. Kapitel 4).
Eine grobe Schätzung des internen Speicherbedarfs ist also im wesentlichen am Speicherplatz für das Betriebssystem und an der Größe des oder der Programme orientiert, welche während des Verarbeitungslaufes in der Zentraleinheit zu speichern sind.

b) Die zeitliche Auslastung
Die zeitliche Auslastung bezieht sich sowohl auf die interne Abstimmung der einzelnen Aggregate eines EDV-Systems untereinander durch zeitlich überlapptes Arbeiten als auch auf die volle Nutzung der Anlage im täglichen Arbeitsablauf durch Vermeidung von Stillstandszeiten.
Wenden wir uns zunächst dem letzteren Punkt zu. Während die Gesamtkosten der Anlage im Ein-Schicht-Betrieb unabhängig von der täglichen Nutzungsdauer sind, sinken doch die Durchschnittskosten mit zunehmender Nutzung erheblich ab. Im Mehr-Schicht-Betrieb werden in der Regel etwa 10 bis 20 % der Mietkosten dem Anwender zusätzlich in Rechnung gestellt. Dieser Prozentsatz gilt aber nur für die tatsächlich über die erste Schicht hinausgehenden Stunden.

Beispiel
Der monatliche Mietsatz für die DV-Anlage betrage 100 000 DM. Der Hersteller verlange je Schicht 10 % Zuschlag für die zusätzliche Nutzung. Die Durchschnittskosten (Kosten je Stunde) sinken dann etwa wie folgt (Tab. 9, Abb. 22):

Tägliche Nutzung (Std.)	Durchschnitts-kosten (DM)
1	3 300
2	1 800
3	1 100
4	800
6	600
8	400
10	350
20	200

Tab. 9

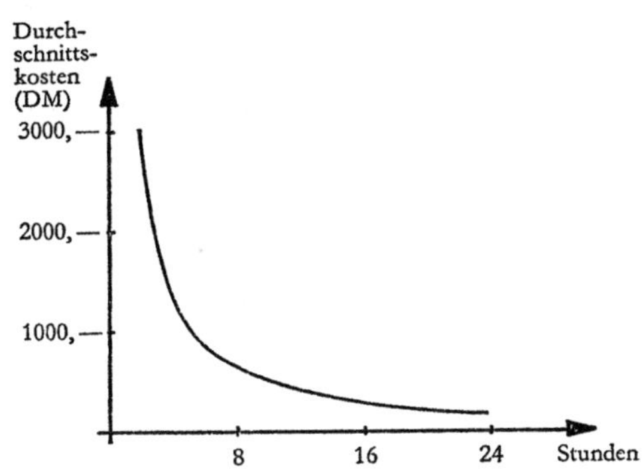

Abb. 22

Eine hundertprozentige Dauerbelastung der Anlage ist nur ein theoretischer Grenzwert. Als normal gelten 60 bis 70 % je Schicht. Der Rest dient als Ausgleich für Spitzenbelastungen, für Fehler durch Eingabe oder sonstige auftretende Störungen und für

die Wartung. Auch eine Reserve für Testzwecke neuer oder geänderter Programme ist hierin enthalten.
Die zeitliche Auslastung einer Anlage wird durch die Anzahl der Programme und die Dauer ihrer Verarbeitung bestimmt. Auf die Verarbeitungsdauer haben Einfluß die Zahl der Instruktionen und die logische Struktur des Programms. Zu berücksichtigen ist außerdem die Anzahl und Art der jeweils zur Verarbeitung kommenden Daten und die Verarbeitungsform.
Beim Multiprogramming wird zwar grundsätzlich Zeit eingespart, da mehrere Programme (quasi) gleichzeitig verarbeitet werden, jedoch erhöht sich die Laufzeit der einzelnen Programme je nach Prioritätsstufe. Es entstehen Warteschlangen. Diese können dadurch verringert werden, daß möglichst ein- und ausgabeintensive Programme oder Programmteile mit möglichst rechenintensiven Programmen oder Programmteilen kombiniert werden. Die Laufzeit eines Programmes variiert also, je nach dem Programm, mit welchem es jeweils gerade zusammen auf der Anlage ist.
Bei den ein- und ausgabeintensiven Programmen, wie sie im kommerziellen Bereich und in der Verwaltung vorherrschend sind, hängt die Laufzeit der Programme ganz wesentlich von Anzahl und Länge der zu verarbeitenden Ein- und Ausgabesätze und von den jeweils verwendeten Aggregaten ab. In einer ersten groben Schätzung der Auslastung einer EDV-Anlage kann dabei also die Rechenzeit innerhalb der Zentraleinheit vernachlässigt werden. Ein Annäherungswert bei E/A-intensiven Programmen läßt sich daher folgendermaßen ermitteln:

Eingabezeit je Satz x Zahl der Eingabesätze je Lauf
\+ Ausgabezeit je Satz x Zahl der Ausgabesätze je Lauf

= grob geschätzte Computerlaufzeit je Programm x Anzahl der Programmläufe je Monat + Rüstzeitanteil je Programmlauf

---

= Annäherungswert für die Auslastung der Anlage je Monat.

Die Ein- und Ausgabezeit je Satz hängt von den Schreib/Lese- und den Zugriffzeiten ab. Die Schreib/Lesezeiten werden zum Teil durch die Satzlängen bestimmt. Zu einem anderen Teil sind sie von der benutzten Hardware abhängig. Bei den Zugriffzeiten kann ein Durchschnittswert gewählt werden. Die erforderlichen Zeitangaben können beim Hersteller für die verschiedenen Anlagengrößen und -typen erfragt werden.
Die Rüstzeitanteile sind im wesentlichen von Art und Anzahl der zu rüstenden peripheren Geräte und von der Zahl der Maschinenbediener abhängig. Eine entsprechende Arbeitsvorbereitung und eine gut eingespielte Lagerorganisation tragen dazu bei, die Stillstandszeiten zu verringern.
Bei zeitlich überlappter Verarbeitung genügt das oben aufgeführte, einfache Berechnungsverfahren allerdings nicht mehr. Genauere Angaben zur Computerlaufzeit lassen sich mit Hilfe von Befehlsmixen ermitteln. Dabei wird die logische Struktur eines

Programmes berücksichtigt. Art und Anzahl der zur Verarbeitung kommenden Ein/Ausgabe-Operationen, der Vergleichs- und Rechenoperationen müssen hierfür allerdings bekannt sein. Es gibt auch für jeden Programmtyp Standard-Befehlsmixe, welche geeignet sind, die für das Programm günstigste Zentraleinheit mit der kürzesten Verarbeitungszeit in Erfahrung zu bringen.

7. Kauf oder Miete

Der Anwender kann zwischen verschiedenen Vertragsformen wählen. Die beiden wichtigsten Formen sind Kauf und Miete.

Beim Kauf geht die Anlage in das Eigentum des Anwenders über. Zusätzlich zum Kauf ist ein Wartungsvertrag abzuschließen. Die Zahlungsmodalitäten sind unterschiedlich. Für Zahlungstermine vor oder erst nach Installation und für die Anzahl, Höhe und Fälligkeit der Raten besteht meist ein Verhandlungsspielraum. Hinzu kommen zumeist noch Kosten für Transport und Installation. Wenn ein Kauf der gesamten Anlage nicht in Frage kommt, so ist doch zu überlegen, ob einzelne Einheiten der Peripherie, ob Zusatzgeräte oder ob nur die Zentraleinheit käuflich erworben werden sollten. Neben den Liquiditätsfragen spielen für diese Entscheidung auch die Nutzungsdauern der einzelnen Geräte eine wesentliche Rolle. Die Nutzungsdauer hängt unter anderem vom technischen Fortschritt ab. Je schneller sich der technische Fortschritt bei einem Gerät auswirkt, um so günstiger stellt sich für dieses Gerät der Abschluß eines Mietvertrages.

Auch beim Mietvertrag sind unterschiedliche Vertragsformen möglich. Die Höhe der Mieten richtet sich nach der Vertragsdauer und nach der Anzahl der Schichten. Vertragsdauern reichen von einem Jahr bis zu fünf Jahren. Bei Mehrschichtbetrieb werden zwischen fünf und fünfzig Prozent der Grundmiete für die über eine Schicht hiausgehende Zeit der Nutzung berechnet.

Im Durchschnitt beträgt der Kaufpreis einer Anlage das 40- bis 60fache einer Monatsmiete, das sind also etwa 3½ bis 5 Jahresmieten. Bei einer längeren Nutzungsdauer wird daher der Kauf einer Anlage interessant. Allerdings müssen Kreditkosten und Wartungskosten hinzugerechnet werden. Der kritische Punkt kann grafisch als Schnittpunkt zwischen zwei Geraden dargestellt werden. Die eine Gerade kennzeichnet den Kostenverlauf bei Kauf, die andere den Kostenverlauf bei Miete, beide in Abhängigkeit von der Zeit (Abb. 23):

Bei einer Gegenüberstellung der beiden Vertragsformen sind sowohl die Kostenseite als auch die Leistungsseite zu berücksichtigen. Dabei müssen vor allem zwei Fragen geklärt werden. Die erste betrifft die Nutzungsdauer und die zweite den Kreditspielraum.

Die Nutzungsdauer einer Anlage liegt im allgemeinen zwischen 5 und 10 Jahren. Zu unterscheiden ist dabei zwischen der technischen und der wirtschaftlichen Nutzungsdauer. Bei regelmäßiger Wartung ist erstere wesentlich höher als letztere. Die technischen Grenzen werden aber wegen der relativ schnellen wirtschaftlichen Veralterung der Maschinen normalerweise nicht ausgenutzt. Die wachsende Automatisierung von Wirtschaft und Verwaltung besitzt eine eigene innere Dynamik, durch welche von

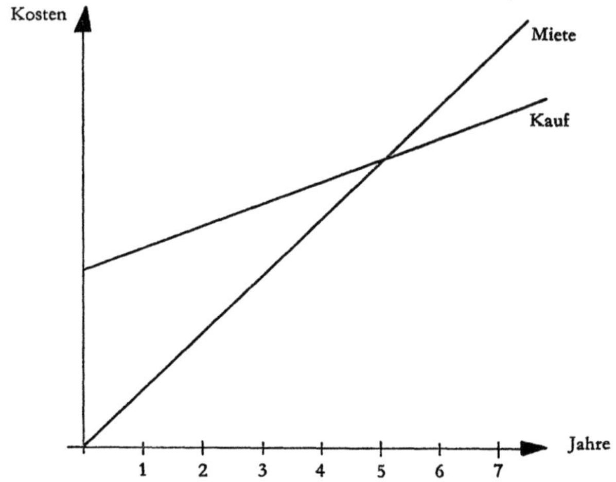

Abb. 23: Unterschiedlicher Kostenverlauf bei Kauf und bei Miete

seiten des Anwenders her an die Leistungsfähigkeit der Datenverarbeitungsanlage ständig steigende Anforderungen gestellt werden. Zum anderen werden durch die zunehmende Weiterentwicklung von Hardware und Software qualitativ immer höherwertige Lösungen angeboten, welche die Informationsflut entsprechend schneller, sicherer und auf immer breiterer Basis erfassen und verarbeiten helfen. Die wirtschaftliche Nutzungsdauer liegt heute im Durchschnitt bei etwa 7 Jahren.

Die Frage, ob Miete oder Kauf, hängt wesentlich von der Liquiditätssituation des Unternehmers ab. Ein Kauf kommt überhaupt nur dann in Betracht, wenn der Kreditspielraum noch nicht ausgeschöpft ist. Auch ist auf die von konjunkturellen Schwankungen abhängigen Kreditkosten zu achten.

Neben der Nutzungsdauer und der Liquidität können steuerliche und bilanzielle Gesichtspunkte von Bedeutung sein. Beispielsweise braucht beim Mietvertrag, die Anlage in der Bilanz nicht aktiviert zu werden.

Zusammenfassend läßt sich sagen, daß für einen Mietvertrag in erster Linie Liquiditätsgründe sprechen. Für einen Kaufvertrag dagegen spricht vor allem der mit zunehmender Nutzungsdauer steigende Kostenvorteil. In der BRD entscheiden sich etwa 85 bis 90 Prozent der Anwender für Miete und etwa 10 bis 15 Prozent für Kauf.

4.4 Der Rahmenvorschlag

4.4 Rahmenvorschlag

Der Rahmenvorschlag ist eine möglichst knappe, zusammenfassende Darstellung des Sollentwurfs. Er hat vor allem zwei Funktionen:

1. Er bildet die Entscheidungsgrundlage für die Geschäftsleitung.
2. Er dient als Ausgangsbasis für die nachfolgende Detailplanung.

Der Rahmenvorschlag kann folgendermaßen gegliedert werden:

1. Deckblatt
2. Inhaltsübersicht
3. Projektauftrag und Projektziele
4. Grobkonzept (ggf. Soll-Ist-Vergleich)
5. E/A-Übersicht und Verarbeitungserfordernisse
6. Konfiguration
7. Kapazitätsauslastung
8. Zeit- und Personalbedarf
9. Kosten- und Leistungsübersicht
10. Zusammenfassung.

Den Hauptteil der Darlegungen bilden Grafiken, Tabellen und Diagramme. Verbale Texte treten dahinter zurück und haben eine überwiegend erläuternde Funktion. –
Das Grobkonzept enthält je Teilgebiet eine organisatorische Ablaufdarstellung, wobei besonders die Änderungen gegenüber dem bisherigen Verfahren herausgestellt werden.
Die maschinelle Ausrüstung wird durch Art, Zahl und Größe der benötigten Hardware einschließlich aller Zusatzgeräte beschrieben.
Die Angaben zur Kapazitätsauslastung beziehen sich auf den Speicherplatz je Datei, die Anzahl und den Umfang der Programme und die zeitliche Verteilung der Arbeiten im Monatsablauf.
Der Zeit- und Personalbedarf wird je Planungsstufe angegeben. Er ist abzustimmen mit üblichen Lieferfristen und mit der Personalbeschaffung. Bestelltermine und einzuhaltende Fristen sind mit anzugeben. Ebenso ist auch der laufende Personalbedarf nach Einführung des Projektes von Interesse.
Neben den Projektergebnissen und den Zeiterfordernissen ist die Geschäftsleitung besonders an den Kosten interessiert. Außer den einmaligen und laufenden Aufwendungen, den Kostenersparnissen und eventuellen Umsatzerweiterungen gehören hierher auch die Ergebnisse von Wirtschaftlichkeitsvergleichen und Investitionsrechnungen.
Wird ein Neubau bzw. Umbau oder eine erstmals einzurichtende EDV-Abteilung geplant, so muß der Rahmenvorschlag darauf gesondert eingehen.
Zahl und Größe der Räume, notwendige Baumaßnahmen, Umstellungserfordernisse, Auswirkungen auf die bisherige Unternehmensstruktur usw. müssen analysiert werden (vgl. hierzu Kapitel 6).
Nachdem der Rahmenvorschlag von der Geschäftsleitung genehmigt worden ist, erfolgt

a) die Information des Personals der betreffenden Abteilungen,
b) die Arbeitsaufteilung,
c) die Abgabe einer Angebotsaufforderung an die Hersteller.

Der Rahmenvorschlag ist damit ein allgemein verbindlicher Rahmenplan geworden. Es folgt jetzt die Auswahl der verantwortlichen Mitarbeiter. Projektteams für die Detailplanung und die Programmierung werden gebildet. Soweit die Abgrenzung der

Arbeitsbereiche noch nicht gegeben ist, werden sie jetzt in Form von Stellenbeschreibungen nachgeholt. Aufgaben, Befugnisse und Informationserfordernisse je Arbeitsplatz werden festgelegt. Termine für die Bearbeitung, die Überwachung und für die Anfertigung von Zwischenberichten werden bestimmt.
Bei der Erweiterung der Personalkapazität ist die Personalbeschaffungsstelle einzuschalten. Der Personalbedarf kann auch durch die Inanspruchnahme von Fachberatern aus entsprechenden Servicebüros gedeckt werden.
Nunmehr können auch die verschiedenen Hersteller von EDV-Anlagen zur Abgabe von Angeboten aufgefordert werden. Um die später eingehenden detaillierten Beschreibungen des Herstellers miteinander vergleichen zu können, empfiehlt es sich, von vornherein auf die Einhaltung einer bestimmten Systematik zu achten. Die Angebote der Hersteller können im wesentlichen durch folgende Punkte beschrieben werden:

1. Angaben zur Hardware
a) Aufbau und Arbeitsweise
b) Zentraleinheit
c) Ein-/Ausgabeeinheit
d) Externe Speicher
e) Kompatibilität
f) Erweiterungsmöglichkeiten

2. Angabe zur Software
a) Betriebssysteme
b) Programmiersprachen
c) Standardprogramme

3. Angaben zum Service
a) Wartung und Instandhaltung
b) Ausweichmöglichkeiten
c) Beratung und Schulung

4. Kosten
a) Einmalkosten
b) Laufende Kosten

5. Sonstige Vertragsbedingungen
a) Vertragsarten und Laufzeiten
b) Lieferbedingungen
c) Zahlungsmodalitäten.

Neben dieser Inhaltsangabe gehören in die Angebotsaufforderung eine Kurzbeschreibung der Arbeitsgebiete, welche über die EDV abgewickelt werden sollen, und eine Festlegung von Mindestanforderungen hinsichtlich der Leistungsfähigkeit von Hardware und Software sowie gegebenenfalls Angaben über maximale Kosten.

5. Ausarbeitung der Sollkonzeption (Detailplanung)

5.1 Festlegung des Datenflusses

a) Der Datenflußplan
Der Datenflußplan (DFP) ist die graphische Darstellung der Verarbeitungsstationen von der Eingabe über die Verarbeitung bis zur Ausgabe. Mit Hilfe der bekannten DIN-66 001-Symbole wird die immer wiederkehrende Verknüpfung von

- Datenträgern oder -speichern für die Eingabe,
- den nachfolgenden Maschinenläufen (Jobs) und
- den Datenträgern bzw. -speichern für die Ausgabe

aufgezeigt. Der Weg, den die Daten durch das EDV-System nehmen, wird durch Verbindungslinien markiert.
Neben Eingabe, Verarbeitung und Ausgabe können im DFP auch zusätzlich erforderliche Hilfsfunktionen dargestellt werden. Dazu gehören in erster Linie die vor der Eingabe in die EDV-Anlage erforderlichen Tätigkeiten wie Sortieren, Trennen, Mischen, Lochen, Prüfen usw.
Als *Eingabe* kann der Systemanalytiker hauptsächlich zwischen folgenden Möglichkeiten wählen:

Ziffernlochkarte,
Verbundkarte,
Zeichenlochkarte,
Abrißlochkarte,
Mikrofilm-Lochkarte,
Lochstreifenkarte,
Lochstreifen,
Magnetkontokarte,
Magnetband,
Magnetbandkassette,
Magnetplatte,
Magnettrommel,
Magnetkarte,
Klarschriftbelege,
Markierungsbelege,
Magnetschriftbelege,
Tastatur.

Für welche Eingabe sich der EDV-Organisator entscheidet, hängt weitgehend von der Art der Datenerfassung ab.
Als *Ausgabe* werden neben Lochkarten, Lochstreifen, Magnetschichtspeichern und gelegentlich Bildröhren vor allem Druckausgaben verwendet.
Ein *Maschinenlauf* oder Job besteht aus einem Verarbeitungsprogramm, das sich aus mehreren Unterprogrammen zusammensetzen kann. Diese werden innerhalb eines Maschinenlaufs nacheinander- oder ineinander verschachtelt abgewickelt.

Beispiel:

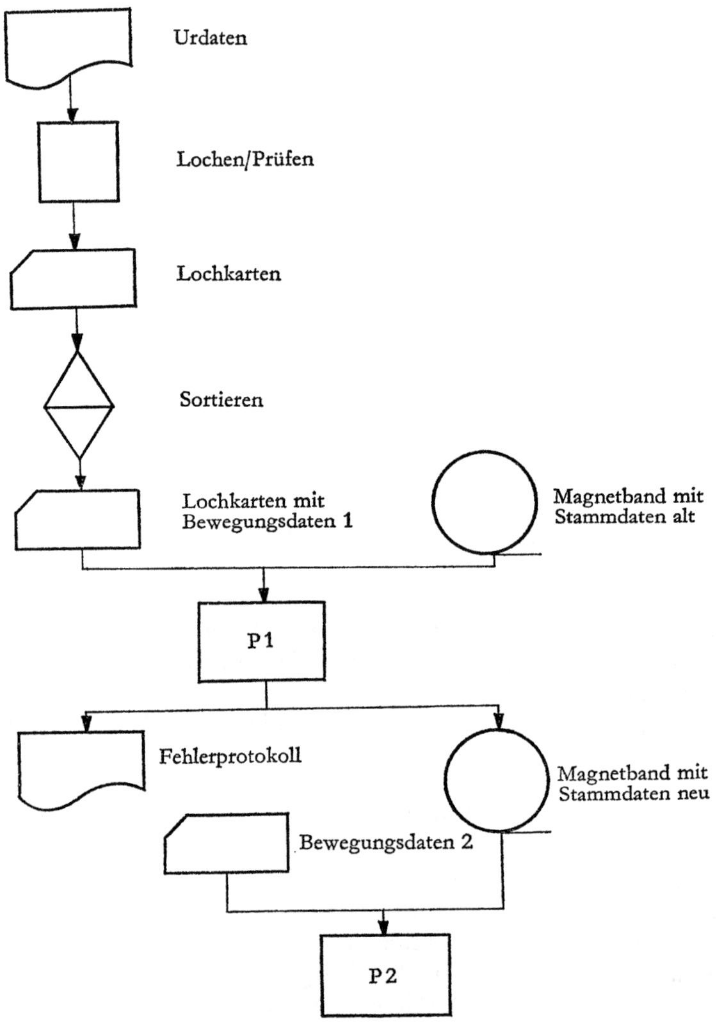

Abb. 24: Datenflußplan

Vor der Eingabe der Bewegungsdaten 1 müssen die Daten im Offline-Betrieb gelocht, geprüft und sortiert werden. P1 und P2 sind die Verarbeitungsprogramme. Die Stammdateien alt und neu werden auf Band geschrieben, und das Fehlerprotokoll wird auf der Konsole ausgegeben. Die Stammdatei neu dient gleichzeitig als Eingabe für den zweiten Maschinenlauf. Die Verarbeitungsprogramme werden im DFP also lediglich durch ein Rechteck symbolisiert.

Der Datenflußplan gehört zur großen Familie der *Fluß- oder Ablaufpläne.* Hierunter fallen auch Programmablaufpläne und organisatorische Ablaufdarstellungen. Erstere enthalten die Arbeitsanweisungen oder Befehle für den Computer, letztere den Informations- oder Belegfluß innerhalb des Betriebes von Arbeitsplatz zu Arbeitsplatz, bzw. von Abteilung zu Abteilung oder allgemein von Arbeitsbereich zu Arbeitsbereich.

b) Wie erstellt man einen Datenflußplan?
Innerhalb eines Maschinenlaufs oder Jobs können oft gleich mehrere Aufgaben erledigt werden, beispielsweise die folgenden Funktionen:

- Buchen
- Schreiben von Rechnungen
- Fortschreiben des Lagerbestandes
- Kumulieren von Daten für statistische Zwecke.

Es werden daher zunächst die Funktionen zusammengestellt, die innerhalb eines Maschinenlaufs verarbeitet werden sollen.
Danach werden je Maschinenlauf die erforderlichen Ein- und Ausgaben festgelegt. Günstig ist es, wenn gleiche Eingaben für verschiedene Programme verwendet werden können. Ungünstig dagegen ist es, wenn gleiche Ausgaben aus verschiedenen Programmen resultieren. Die Verknüpfungspunkte zwischen den einzelnen Phasen oder Programmläufen innerhalb des DFP ergeben sich dort, wo die Ausgaben gleichzeitig wieder als Eingaben für den nachfolgenden Job benutzt werden.
Der DFP ist vollständig, wenn er die einzelnen Verarbeitungsstationen einschließlich der benötigten Hilfsfunktionen lückenlos hinter bzw. untereinander in ihrer zeitlichen Abfolge zum Ausdruck bringt.

5.2 Verschlüsselung der Dateien

a) Definition und Beispiele
Daten, Datensätze und Datenbestände müssen aufbereitet werden, bevor sie in die Anlage eingegeben werden. Ein Schritt auf diesem Weg ist das Verschlüsseln. Verschlüsseln ist ein Arbeitsvorgang, bei dem den Daten Zeichen zugeordnet werden. Diese Zeichen bestehen aus Zahlen- und/oder Buchstabenkombinationen. Die bekanntesten Beispiele sind Kfz-Nummern und Postleitzahlen. Letztere gelten für Postzustellbezirke, erstere für eine Reihe von Daten wie Name des Kfz-Halters, Stadt, Straße, Hausnummer.
Neben diesen relativ komplizierten Schlüsseln gibt es auch einfache Schlüssel. Ein Beispiel ist der Vierfarbenschlüssel:

1 = blau; 2 = rot; 3 = grün; 4 = gelb.

Weitere Beispiele sind Kartenart, Satzart, Fehlerart, Lagernummer, Kundennummer Kontennummer usw.

b) Aufgaben des Schlüssels

Schlüssel ersetzen längere Texte, stehen für bestimmte Sachverhalte oder haben die Aufgabe, das Wiederauffinden eines gespeicherten Datensatzes zu erleichtern. Schlüssel der letzten Art heißen *Ordnungsbegriffe* oder auch Sortierbegriffe. Ein Beispiel dafür ist die Artikelnummer, die jedem Exemplar eines Produkts oder Sortiments zugeordnet wird. Durch Vergleich der eingelesenen mit der gespeicherten Nummer eines Satzes kann der gesuchte Satz eindeutig identifiziert werden.

Neben der *Identifikation* hat der Ordnungsbegriff auch noch die Funktion der *Information.* Der Kfz-Schlüssel informiert den Verkehrsteilnehmer beispielsweise darüber, aus welcher Stadt der vorüberfahrende Wagen kommt. Die dritte wichtige Aufgabe ist die der *Klassifikation.* Hierdurch wird die Systematik eines Datenbestandes oder Stoffgebietes erkennbar. Die Klassifikation erfolgt nach der Gruppenzugehörigkeit der Daten. Eine solche Systematik ist immer dann sinnvoll, wenn der Datenbestand nicht in sich völlig homogen ist.

c) Schlüsseltypen

Dem Organisator stehen im wesentlichen drei verschiedene Schlüsseltypen zur Verfügung:

Der einfache Schlüssel, der Verbundschlüssel und der Parallelschlüssel. Darüber hinaus können Schlüssel sprechend oder nichtsprechend sein. Sprechende Schlüssel (mnemotechnische Schlüssel) haften besser im Gedächtnis des Benutzers.

Der *einfache Schlüssel* wird bei einem homogenen Datenbestand verwendet. Er besteht aus einer Aneinanderreihung von Zeichen, meist Zahlen, in Form von fortlaufenden Nummern.

Der *Verbundschlüssel* berücksichtigt mehrere Merkmale eines Datenbestandes. Er eignet sich zur Klassifikation der Daten. Die Anordnung der Zahlen innerhalb des Schlüssels kann hierarchisch oder gleichrangig sein. Bei einer *hierarchischen* Anordnung erfolgt eine Aufteilung des Datenbestandes nach Obergruppen, Hauptgruppen und Untergruppen usw. Diese Art der Einteilung ist immer dann zu empfehlen, wenn die Abhängigkeitsfolge der Merkmale eindeutig feststeht oder festgesetzt wird.

Eine *gleichrangige* Anordnung dagegen wird bevorzugt, wenn die Auswertung des Datenbestandes nach verschiedenen Merkmalen erfolgen soll. Hier wird auf eine Über- oder Unterordnung verzichtet. Die Artikel eines Warenbestandes können dann zum Beispiel nach Größe oder nach Farbe oder nach Preisklasse ausgesucht werden, ohne daß jedesmal der gesamte Schlüssel komplett für alle Merkmale aufgeführt werden müßte.

Der Nachteil des Verbundschlüssels liegt in seiner Schwerfälligkeit gegenüber Neuerungen. Neue Produktgruppen, welche nicht in das herkömmliche Schema passen, sprengen das ganze System.

Der *Parallelschlüssel* besteht aus zwei Nummern, die unabhängig nebeneinander plaziert sind, wobei der ersten Nummer die Funktion der Identifikation und der zweiten die Funktion der Klassifikation zukommt.

Beispiel:

Artikelnummer,	Klasse (Typ, Preisklasse, Farbe, Ausführung)
1635	0931

Der besondere Vorzug der Parallelverschlüsselung liegt darin, daß er gegenüber *Änderungen* im Datenbestand sehr flexibel ist. Besondere Probleme bei unvorhergesehenem Zuwachs, bei Erweiterungen, bei organisatorischen, technischen oder sonstigen Umstellungen entstehen nicht. Darüber hinaus kann man auf bisher vorhandene, bereits eingeführte, bewährte oder gängige Nummern zurückgreifen.
Es folgt eine zusammenfassende Übersicht über die Schlüsseltypen mit den wichtigsten Vor- und Nachteilen (Tab. 10):

Typ	Beschreibung	Arten	Funktion	Vor- u. Nachteile
Einfacher Schlüssel	Homogener Datenbestand; Aneinanderreihung von Zeichen; meist fortlaufende Nummer	Zahlen (»Nummernschlüssel«), Buchstaben, Kombinationen	identifizierend	eindeutig, kurz; wenig aussagefähig bei komplexen Sachverhalten
Verbundschlüssel	Mehrere Merkmale in einem Schlüssel, Anordnung hierarchisch oder gleichrangig	Zahlen (»Dekadischer Schlüssel«), Buchstaben, Kombinationen	klassifizierend; daneben identifizierend; informierend	aussagefähig, eindeutig; relativ starre Grenzen bei Änderungen
Parallelschlüssel	Mehrere Funktionen, unabhängig nebeneinander stehend; Anordnung des klassifizierenden Teils hierarchisch oder gleichrangig	Zahlen, Buchstaben, Kombinationen	identifizierend; daneben klassifizierend; informierend	aussagefähig, eindeutig, sehr flexibel bei Änderungen im Datenbestand; relativ lang

Tab. 10: Schlüsseltypen

c) Schlüsselverzeichnis

Wir hatten die Ein- und Ausgabedaten in Kapitel 4.1.2 zusammengestellt. Es ist nunmehr zu prüfen, welche Daten oder Datensätze verschlüsselt werden sollen. Der passende Schlüssel wird ausgewählt und in ein Schlüsselverzeichnis aufgenommen. Dieses Verzeichnis enthält links den zu verschlüsselnden Begriff, in der Mitte die Stellenzahl des Schlüssels, angedeutet durch eine entsprechende Anzahl von Kreuzen, und rechts die Erläuterungen (Abb. 25):

Begriff	Stellenzahl	Erläuterungen
1. Warenbestandssatz		
Satzart	x	Satzart ist 3
Artikelnummer	xxxxx	
.		Typ
.		Preisklasse
.		Farbe
.		Nummer

Abb. 25: Schlüsselverzeichnis

Schlüssel sollten möglichst kurz sein. Mit wachsender Länge der Schlüssel nimmt nicht nur der Platzbedarf im Speicher zu, sondern auch die Fehlerhäufigkeit. Erfahrungen zeigen, daß letztere ab etwa 6 Stellen überproportional ansteigt. Darüber hinaus ist zu beachten, daß Schlüssel eindeutig sein sollen und daß bei ihrer Vergabe spätere Erweiterungsmöglichkeiten bereits heute berücksichtigt werden müssen.

5.3 Speicherbelegung

Speicherbelegung ist ein Arbeitsvorgang innerhalb der EDV-Planung, bei dem die während der Verarbeitung auf der Anlage befindlichen Daten dem verfügbaren Speicherplatz zugeordnet werden.
Ziel der Speicherbelegung ist es, eine den vorliegenden Verarbeitungserfordernissen bestmöglich angepaßte Speicherform zu finden.
Speicherplatz befindet sich in der Zentraleinheit und auf den externen Speichern, deren gebräuchlichste Erscheinungsformen gegenwärtig Magnetschichtenspeicher sind. Die Zentraleinheit nimmt neben den Verarbeitungsprogrammen auch die für jeden Maschinenlauf erforderlichen je nach Aufgabenstellung verschiedenen Teile des Betriebssystems auf. Daneben muß Platz reserviert werden für die eigentliche Verarbeitung der Daten, für Ein- und Ausgabenbereiche, für Zwischenergebnisse, für Konstanten und Tabellen.
Die externen Datenspeicher nehmen die Dateien auf. Dazu kommen Tabellen, Zwischenergebnisse sowie vom Hersteller gelieferte Systemprogramme.
Um die Speicher belegen zu können ist es zunächst einmal notwendig, daß sich der Systemanalytiker Informationen über die geplante EDV-Anlage verschafft. Dazu gehören:

(1) Informationen über Anzahl, Art und Umfang der in Betracht kommenden Speicher;
(2) Technische Daten über Speichereinteilungen;
(3) Grundfunktionen der benutzten Betriebssysteme sowie deren Platzbedarf.

Der Schwerpunkt der Planung liegt bei der Dateiorganisation, also bei der Belegung der externen Datenspeicher. Dort werden die Datenbestände je nach den vorliegenden Verarbeitungserfordernissen verschieden organisiert.
Im Laufe der Zeit haben sich *sechs Grundformen* der Speicherorganisation herausgebildet:

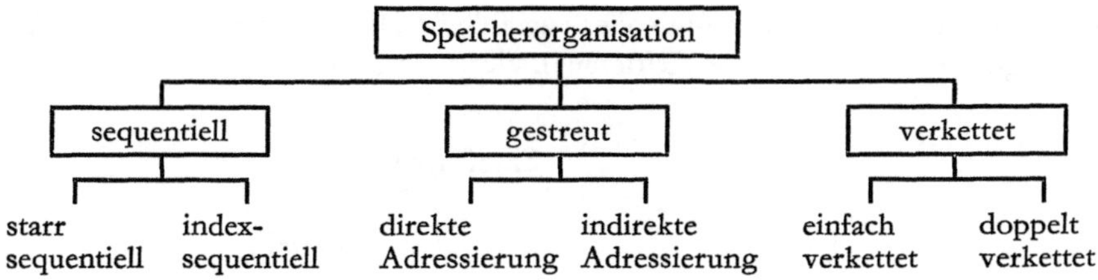

Abb. 26: Typen der Speicherorganisation

Folgende Vorgehensweise zur Belegung der Datenspeicher ist zweckmäßig:

1. Beschreibung der Datensätze;
2. Beschreibung der Dateien;
3. Auswahl der geeigneten Speicherform.

Während der Grobplanung waren die Datensätze noch nicht endgültig definiert. Auch die Dateien waren noch nicht vollständig beschrieben.
Die Speicherbelegung setzt jedoch eine genaue Beschreibung der Datenbestände voraus. Daher müssen zunächst die Datensätze und Dateien spezifiziert werden.

1. Beschreibung der Datensätze

Die Beschreibung eines Datensatzes erfolgt auf einem formlosen Blatt Papier oder auf einem vom Hersteller zu diesem Zweck bereitgestellten Formular. Im wesentlichen sind je Satz folgende Angaben zu machen:

1. Satzname
2. Satzabkürzungen
3. Satzart-Kennzeichen
4. Satzform
5. Satzinhalt
6. Satzlänge
7. Satzspeicherung
8. Dateizugehörigkeit
9. Arbeitsgebiet.

Die Reihenfolge ist beliebig.
Zu 1: Jeder Satz bekommt einen eindeutigen, unverwechselbaren Namen.

Zu 2: Die Abkürzung wird in Großbuchstaben notiert. Sie stimmt mit der im Programm verwendeten Satzabkürzung überein.

Zu 3: Das Satzart-Kennzeichen beugt der Gefahr von Verwechslungen bei der Eingabe verschiedener Datensätze in die EDV-Anlage vor. Er besteht aus einer einfachen Zahl. Beispiel: Kartenart 5.

Zu 4: Je nachdem, ob die Sätze feste oder variable Satzlänge haben und ob sie geblockt oder nichtgeblockt werden, unterscheidet man vier Satzformen:

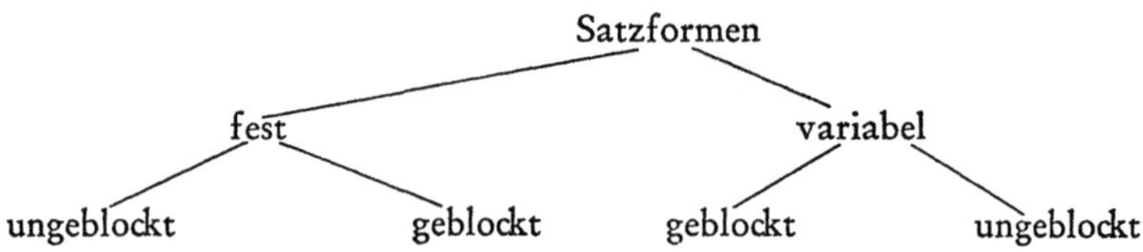

Bei der Satzform mit fester Satzlänge haben alle Sätze einer Datei eine vorher festgelegte, gleiche Länge. Der logisch größte Satz bestimmt die Länge der übrigen Sätze. Diese Satzform empfiehlt sich besonders dann, wenn die Satzlänge nicht stark streut. Feste Satzlängen lassen sich leichter programmieren, sind aber in der Regel speicher- und zeitaufwendiger als Sätze mit variabler Satzlänge. Eine Kombination beider Formen wird durch Sätze gebildet, deren erster Teil in einem festen Kopfsatz erscheint und deren Rest auf gesonderten Speicherbereichen variabel gespeichert wird. Die Verbindung wird durch einen Schlüssel hergestellt, der im Kopf- und im Restsatz erscheint. Im Restteil werden die seltener benötigten Daten untergebracht.

Ein Satz ist dann geblockt, wenn mehrere logische Sätze zu einem physischen Satz zusammengefaßt werden. Dabei werden Blocklücken oder Klüfte zwischen den Sätzen eingespart. Daraus folgt, daß die Speicherkapazität besser genutzt wird und die Verarbeitungszeit je Datei kürzer ist. Die Klüfte oder Satzzwischenräume betragen beim Magnetband etwa 1,5 cm. Bei Magnetplatten, -trommeln usw. sind sie je Maschinentyp unterschiedlich lang. Auch sind sie dort von der Länge des physischen Satzes abhängig. Jeder logische Satz besteht aus mindestens einem, meist jedoch mehreren Datenfeldern. Jeder physische Satz (Block) besteht aus mindestens einem, meist jedoch mehreren logischen Sätzen. Theoretisch können zwar beliebig viele logische Sätze geblockt werden, praktisch sind jedoch bestimmte Bedingungen zu beachten. Da ein Block immer als Ganzes behandelt wird, d. h. als Ganzes in die Zentraleinheit eingelesen und dort verarbeitet wird, ist es höchst unzweckmäßig, um ein oder zwei abgeforderter Sätze willen jeweils die gesamte Datei in einem Block in die Zentraleinheit zu übertragen.

Neben den logischen Begrenzungen sind die technisch bedingten Speichereinteilungen in Spuren, Segmente, Streifen usw. der jeweils verwendeten Externspeicher zu berücksichtigen. In der Praxis schwanken Blocklängen etwa zwischen zehn Zeichen und vier- bis fünftausend Zeichen. Das entspricht dem Inhalt von etwa 1/8 bis 50 Lochkarten bzw. einer Bandlänge von ca. 0,3 mm bis ca. 15 cm bei einer Zeichendichte von 320 Z/cm.

Für die Anzahl von Datenfeldern in einem logischen Satz gibt es theoretisch ebenfalls

keine Grenze. Lange Sätze sind in der Praxis jedoch relativ selten. In Ausnahmefällen überschreiten sie die Speichereinteilungen und werden dann auf der nächsten Spur oder auf dem nächsten Segment fortgeschrieben. Dadurch wird allerdings die Verarbeitungsgeschwindigkeit stark herabgesetzt. Datensätze beginnen mit einem Satzart-Schlüssel. An zweiter Stelle kommt der Ordnungs- oder Sortierbegriff. Darauf folgen die übrigen Daten.
Zu 6: Angaben zur Satzlänge erfolgen bei Stellenmaschinen in Bytes, bei Wortmaschinen in Worten je Satz. Neben der Länge des logischen Satzes wird die Anzahl der logischen Sätze je Block oder der Blockungsfaktor vermerkt.
Zu 7: Die Daten können gepackt, ungepackt binär oder in anderen Codes gespeichert werden. Je Datenfeld müssen hierzu Angaben gemacht werden.
Zu 8 und 9: Schließlich kommen noch Dateiname, Bezeichnung des Arbeitsgebietes oder Projektes und gegebenenfalls entsprechende Nummern hinzu.
Aus welchen Daten sich die Datensätze im einzelnen zusammensetzen, kann am einfachsten und übersichtlichsten durch eine Matrix dargestellt werden. Die Zeilen enthalten die Datensätze und in die Spalten kommen die je Satz vorkommenden Ein- und Ausgabedaten.
Neben den eigentlichen Datensätzen gibt es noch andere Sätze oder Marken, die spezielle Funktionen innerhalb der Hardware haben. Beispielsweise enthält der »Spurbeschreibungssatz« einer Plattendatei Angaben über den Zustand der Speichersätze als Informationen für die Zentraleinheit. Die dabei stattfindenden Arbeitsvorgänge werden durch das Betriebssystem gesteuert.

2. Beschreibung der Dateien

Eine Datei ist
(1) ein Bestand an Daten, der
(2) nach bestimmten Merkmalen zusammengestellt und
(3) auf Datenträgern oder -speichern untergebracht ist.
Datenbestände sind zum Beispiel eingetragene Kunden, produzierte Artikel, Auftragsdaten, Abrechnungsdaten, Gehaltsdaten der Mitarbeiter, Lagerbestände, Außenstände, Salden, Journaldaten, Verkaufsdaten, Preise, Steuertabellen usw. Die Daten, die einer Datei angehören, stehen in einem sachlich-logischen Zusammenhang. Dieser ist nicht ein für allemal vorgegeben, sondern ergibt sich aus der jeweiligen Aufgabenstellung. Alle Sätze einer Datei haben jeweils die gleiche Satzform. Datenträger oder -speicher sind unmittelbar zur elektronischen Verarbeitung geeignete Informationsträger.
Eine der häufigsten Einteilungen der Dateien ist die in drei Gruppen:

- Stammdateien
- Bewegungsdateien
- Referenzdateien.

Stammdateien enthalten Daten, die über einen längeren Zeitraum konstant sind. Bewegungsdateien dagegen enthalten die kurzfristig veränderlichen Daten. Referenzdateien

schließlich sind Hilfs-, Zweit- oder Zusatzdaten, die meist in Form von Tabellen gespeichert werden.
Für die Dateibeschreibung gibt es ebenfalls vom Hersteller gelieferte Formulare. Eine Datei wird durch folgende Angaben beschrieben:

1. Dateiname
2. Dateiabkürzung
3. Dateinummer
4. Datenspeicher oder -träger
5. Sortierbegriff
6. Datensatznamen
7. Anzahl Datensätze
8. Blockungsfaktor und Speicherbedarf
9. Arbeitsgebiet.

Sollen einzelne Sortiermerkmale innerhalb eines Sortierbegriffs vertauscht oder je nach dem vorliegenden Zweck auch ganz weggelassen werden, um damit für verschiedene Arbeiten oder Fragestellungen Umsortierungen zu ermöglichen, dann müssen entsprechende Erläuterungen hinzugegeben werden. Wenn die Zahl der Datensätze innerhalb einer Datei Schwankungen unterliegt, dann müssen maximale, minimale und durchschnittliche Werte notiert werden. Man kann die Schwankungen auch im Zeitablauf grafisch darstellen. Bei in absehbarer Zeit anwachsendem Datenbestand sind Reservebereiche zu berücksichtigen.
Die einzelnen Planungsabschnitte des Projektes greifen zeitlich ineinander über. Falls Blockungsfaktor und Speicherbedarf hier noch nicht ermittelt werden können, sind die Eintragungen später nachzuholen. Der Speicherbedarf läßt sich beim Magnetband relativ leicht feststellen. Er ist abhängig von der Zeichendichte, der logischen Satzlänge, dem Blockungsfaktor, der Länge der Kluft und evtl. von einem geringen Speicherbedarf je Block für Zwecke der Synchronisation (vergl. Kap. 3). Die Berechnung des Speicherbedarfs bei Magnetplatten, -trommeln usw. erfolgt mit Hilfe spezieller Formeln, wie sie vom Hersteller angegeben werden. Noch einfacher ist die Benutzung von Tabellen für die unterschiedlichen Speichertypen. Diese Tabellen geben die Anzahl der Sätze je Bucket (Spur, Segment) in Abhängigkeit von der physischen Satzlänge an.

Satzverzeichnis		Projekt		
Satzart-Kennzeichen	Satzbezeichnung	Stellenzahl	Satzform	Formularnummer
01	Artikelstammsatz	135	fest	100
02	Auftragsdatensatz	40	fest	101
.				
.				
.				

Abb. 26: Aufbau eines Satzverzeichnisses

Schließlich können noch ein Satz- und ein Dateiverzeichnis angefertigt werden. Diese Verzeichnisse werden dann zusammen mit den einzelnen Datensatz- und Dateiformularen in die Programmvorgabe und in die Projektdokumentation aufgenommen. In das Satzverzeichnis kommen Satzart-Kennzeichen, Satznamen der logischen Sätze, Stellenzahl, Satzform und ggf. Formularnummer hinein (Abb. 26).
Die Dateiliste enthält Dateinummer, Dateibezeichnung, Anzahl Datensätze je Maschinenlauf, Datenträger oder -speicher und gegebenenfalls Formularnummer:

Dateiverzeichnis		Projekt				
Datei-Nr.	Dateiname	Anzahl Sätze min.	Anzahl Sätze Ø	Anzahl Sätze max.	Datenträger bzw. -speicher	Form-Nr.
1	Kundenstammdatei	1500	2650	5000	Magnetband	200
2	Artikelstammdatei	–	320	–	Magnetband	201
3	Auftragsdatei	780	870	960	Magnetband	202

3. Auswahl der geeigneten Speicherform

Zur Auswahl stehen dem Systemanalytiker im wesentlichen alle Magnetschichtspeicher.
Dazu gehören: Magnetband-, Magnetplatten-, Magnettrommel-, Magnetkarten- bzw. Magnetstreifenspeicher. Für welchen der externen Speicher er sich entscheidet, hängt vor allem von

- der Zugriffsart
- der Zugriffszeit
- der Speicherkapazität
- den Kosten des Speichers

ab.

So unterscheidet man zum Beispiel zwei Zugriffsarten:
a) den seriellen (sequentiellen) Zugriff
b) den wahlfreien (Direkt-)Zugriff.
Beim sequentiellen Zugriff müssen die Daten vorsortiert werden. Sie werden erst danach in der sortierten Reihenfolge verarbeitet. Sortiermerkmal ist z. B. die Kontonummer oder die Kundennummer. Bei einem wahlfreien Zugriff dagegen brauchen die Sätze vorher nicht sortiert zu werden, sondern können in beliebiger Reihenfolge eingegeben werden. Es muß allerdings nicht so sein, daß eine sequentielle Speicherform auch einen seriellen Zugriff erfordert, und umgekehrt ein serieller Zugriff eine sequentielle Speicherform bedingt. Mit dem Magnetplattenspeicher kann grundsätzlich sowohl die eine als auch die andere Form verwirklicht werden.
Beim seriellen Zugriff kann nicht direkt ein beliebiger Satz aus einer Datei angesprochen werden. Der Zugriff dauert daher solange, bis der entsprechende Sortierbegriff an der Reihe ist. Beim wahlfreien Zugriff dagegen kann ein Satz direkt ange-

sprochen werden. Dabei wird dann also nicht Satz für Satz mit der jeweiligen auf- bzw. absteigenden Ordnungsnummer abgefragt. Die Sätze brauchen hier überhaupt nicht geordnet zu werden. Entscheidend ist daher nicht die Ordnungsnummer, sondern die Adresse des Speicherplatzes. Allerdings wird die Ordnungsnummer zur Ermittlung der Adresse benötigt. Denn die Ordnungsnummer entspricht entweder der Satzadresse (direkte Adressierung) oder die Satzadresse wird mittels einfacher Rechenverfahren aus der Ordnungsnummer abgeleitet bzw. errechnet (indirekte Adressierung). Der Direktzugriff ist in jedem Fall jedoch wesentlich schneller als der indirekte Zugriff.
Schließlich müssen die Kosten der verschiedenen Systeme verglichen werden. Um eine gute Vergleichsbasis unabhängig von der Speichergröße der verschiedenen Geräte zu bekommen, verwendet man nicht die Gesamtkosten der jeweiligen Geräte, sondern die Gesamtkosten geteilt durch die Zahl der Speichereinheiten je Gerät, also die Kosten je Speichereinheit (Bit) für jedes zu vergleichende Gerät.
Die Sätze einer Bewegungsdatei können in der Stammdatei drei verschiedene Möglichkeiten bedeuten: Abgang, Zugang, Änderung, je nachdem ob ein Satz gelöscht, eingefügt oder geändert wird. Bei den verschiedenen Magnetschichtspeichern gibt es dabei Unterschiede in der Behandlung dieser Datenbewegungen (Einfügen, Zurückschreiben von Sätzen, Lücken freilassen), die jeweils zu beachten sind und neben der Zugriffsart, der -zeit, der Speicherkapazität und den Kosten mitentscheidend für die Wahl der geeigneten Organisationsform sind. Doch nun zu den Speicherformen im einzelnen.

a) Sequentielle Speicherorganisation

Bei der sequentiellen Speicherorganisation ist Satz für Satz hintereinander in aufsteigender Reihenfolge der Speicheradressen auf dem Speichermedium aufbewahrt. Ein Sortierbegriff ist nicht unbedingt erforderlich. Sätze ohne Sortierbegriffe bilden jedoch schon aus Gründen einer geringeren Zuverlässigkeit und Sicherheit der Verarbeitung eine seltene Ausnahme. Für die sequentielle Speicherform kommen sowohl Magnetband als auch die übrigen Magnetschichtspeicher in Betracht. Die Bandverarbeitung ist billiger, die Verarbeitung mittels anderer Magnetschichtspeicher wie Platte oder Trommel dagegen erlaubt auch eine wahlfreie Verarbeitung.
Der Zugriff zu einem gewünschten Datensatz kann entweder indirekt (bei Bandorganisation), halbdirekt (z. B. bei Plattenorganisation) oder direkt (beim Kernspeicher) erfolgen. Ein halbdirekter Zugriff wird entweder durch ein Adressenverzeichnis (→ index-sequentiell) oder durch die Methode des *binären Suchens* ermöglicht. In letzterem Fall wird eine sortierte Zahlenreihe solange jeweils halbiert, bis die gesuchte Zahl gefunden ist. Der halbdirekte Zugriff besteht also in Wirklichkeit aus mehreren Zugriffen.
Bei sequentieller Speicherung müssen die Stammdaten vorsortiert werden. Bei sequentieller Verarbeitung müssen auch die Bewegungsdaten vorher sortiert werden. Beim eigentlichen Verarbeitungslauf werden die Ordnungsbegriffe beider Dateien verglichen. Im Falle der Gleichheit wird die entsprechende Anweisung auf Zugang, Abgang oder Änderung ausgeführt. Bei wahlfreier Verarbeitung mit direktem (bzw. halbdirektem) Zugriff brauchen die Bewegungsdaten dagegen nicht sortiert zu werden.
Haupttyp der sequentiellen Speicherform ist die Bandorganisation. Ein häufiges Bei-

spiel aus der Praxis kann an Hand des folgenden kleinen Datenflußplanes aufgezeigt werden:

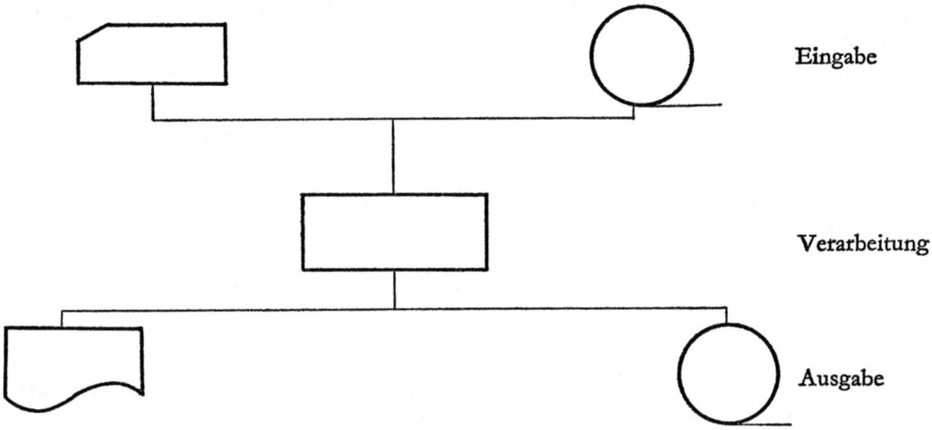

Abb. 27: Einfacher Datenflußplan

Die täglichen Bewegungen, etwa innerhalb eines Lagers, werden auf Lochkarten gestanzt (Bewegungsdaten). Die Lagerbestände werden korrigiert durch einen täglichen Verarbeitungslauf. Der alte Bestand befindet sich auf dem Magnetband (Stammdaten). Nach Verarbeitung der Daten wird der neue Lagerbestand wiederum auf einem Magnetband festgehalten. Die Druckausgabe enthält Angaben über die kritischen Bestände (Meldebestand ist erreicht bzw. unterschritten, Neubestellung erforderlich).
Dabei sind vier Geräte an die Zentraleinheit angeschlossen: ein Kartenleser, ein Drukker und zwei Magnetbandgeräte, eins für die Eingabe des alten Bestandes und eins für die Ausgabe des neuen Lagerbestandes.
Charakteristische Merkmale für die Magnetbandorganisation sind:

a) Die Sätze werden vorsortiert.
b) Bei Veränderungen des Stammbestandes müssen die Daten auf ein neues Band umgeschrieben werden.
c) Die Verarbeitungszeit ist weitgehend abhängig von der Zahl der Stammsätze, dagegen weitgehend unabhängig von der Zahl der Bewegungssätze.
d) Die Sätze werden auf dem Magnetband lückenlos gespeichert.

Zu a: Das gilt sowohl für die Bewegungsdatensätze als auch für die Stammdatensätze. Sortiermerkmal ist zum Beispiel die Artikel-Nr., die Kunden-Nr., die Konto-Nr. o. ä. Würden die Daten nicht sortiert werden, wäre die Verarbeitung sehr umständlich und zeitraubend, da das Magnetband nach jeder Verarbeitung eines Bewegungssatzes immer wieder auf den Anfang zurückgespult werden müßte.
Zu b: Durch die Datenbewegungen (Zugänge, Abgänge, Änderungen von Sätzen) ändert sich die Position der Sätze. Ein Umschreiben ist daher auch bei einer nur geringen Anzahl an Bewegungssätzen erforderlich.

Zu c: Da bei der Magnetbandverarbeitung Satz für Satz in die Zentraleinheit eingelesen werden muß, unabhängig davon, ob eine Datenbewegung zu jedem Satz vorliegt, ist die Zeit für das Lesen, Übertragen und Prüfen bzw. Verarbeiten je Stammsatz maßgebend für die Verarbeitungszeit.
Zu d: Auf der Magnetplatte können Lücken gelassen werden für spätere Zugänge oder durch die Verarbeitung Lücken aus Abgängen von Datensätzen entstanden sein. Beim Magnetband dagegen werden die Sätze ohne Lücken gespeichert (abgesehen von den physikalisch bedingten Klüften je Block).
Zweckmäßigerweise wird man eine Magnetband dann einsetzen, wenn man nicht direkt auf einzelne Sätze zugreifen und die Sätze nicht sofort bei jedem Auftreten von Datenbewegungen verarbeiten will. Eine Magnetbandverarbeitung lohnt sich außerdem besonders dann, wenn die Zahl der Bewegungssätze gegenüber den Stammsätzen relativ groß ist. Die Kosten pro Byte sind beim Magnetband mit 0,0117 Pfennigen geringer als beim Magnetplattenspeicher mit 0,032 Pfennigen.
Die Verarbeitungszeit ist weitgehend unabhängig von der Zahl der Bewegungssätze, vielmehr ist die Zahl der Stammsätze hierfür ausschlaggebend.

b) Index-sequentielle Organisation

Die Sätze werden vorsortiert und dann sequentiell gespeichert. Die Verarbeitung kann sowohl sequentiell als auch wahlfrei sein. Speichermedium ist in der Regel die Magnetplatte. Der Zugriff zu einem Speicherplatz erfolgt relativ schnell über ein Adressenverzeichnis (Index). Die Funktionsweise ist ähnlich dem Inhaltsverzeichnis eines Buches. An Stelle von Überschriften verwendet das Speicherverzeichnis Ordnungsbegriffe und an Stelle von Seitenzahlen Speicheradressen.

Um einen Satz aufzufinden, sind mindestens zwei Zugriffe erforderlich. Mitunter gibt es auch mehrere Verzeichnisse, die zu durchlaufen sind. So als würde bei einem Buch erst ein Kapitelverzeichnis aufgeschlagen, dann ein Paragraphen- oder Abschnittregister und schließlich die gesuchte Seite selbst. Entsprechend bezeichnet man die Verzeichnisse oder Indexe als Index 1., 2., ... n-ter Ordnung. Der Index 1. Ordnung steht den Datensätzen am nächsten.

Abgänge können gelöscht, Änderungen auf den gleichen Platz zurückgeschrieben und Zugänge in einen reservierten Bereich gespeichert werden. Reicht der Platz nicht mehr aus, entstehen zu große Lücken oder ergeben sich zu lange Suchzeiten bei den Neuzugängen, dann wird die Datei reorganisiert, das heißt neu sortiert. Dieser Vorgang kann mit einem »Updaten« verbunden werden. Dabei werden die Dateien also gleichzeitig auf den neuesten Stand gebracht.

Der Reservebereich kann aus einem zusammenhängenden Bereich oder aus freien Plätzen innerhalb der Datei bestehen. Auch ist eine Kombination von beiden Formen möglich. So werden zum Beispiel am Dateiende ein größerer Bereich und innerhalb der Datei je Zylinder eine oder mehrere Spuren reserviert. Sätze im Reservebereich bezeichnet man auch als Folgesätze. Das Unterbringen und Aufsuchen der Folgesätze wird durch das Betriebssystem geregelt. Für den Organisator oder Programmierer entstehen hier also keine zusätzlichen Probleme.

Die vom Hersteller gelieferte Software hilft auch beim Aufbau der Adressenverzeichnisse. Programme müssen hierfür nicht geschrieben werden.
Typische Organisationsform für die index-sequentielle Speicherung der Dateien ist das Magnetplattensystem. Voraussetzung ist das bereits eingangs erwähnte Vorsortieren der gespeicherten Daten (Stammdaten). Die Bewegungsdaten dagegen brauchen hier nicht sortiert zu werden. Der Zylinderindex eines Plattenstapels kann in der Regel maximal 200 Zylinder enthalten. Neben der Zylinder-Nummer steht der Ordnungsbegriff des höchsten auf dem jeweiligen Zylinder befindlichen Datensatzes. Beim ersten Zugriff wird der Zylinderindex solange durchsucht, bis der entsprechende Zylinder gefunden worden ist. Der Ordnungsbegriff des gesuchten Satzes ist höchstens so groß wie die größte Satznummer des auf diesem Zylinder gespeicherten Satzes. Auf dem Zylinder selbst steht zu Beginn desselben der Spurindex. Nachdem die betreffende Spur nach dem gleichen Verfahren wie beim ersten Zugriff gefunden wurde, wird nun die Spur selbst gelesen, auf der sich der gesuchte Satz befindet.

Das Verfahren soll an einem Beispiel verdeutlicht werden.

Beispiel für eine Tabelle.

Ordnungsbegriffe	Spur	Zylinder
0001	01	001
0002		
.		
.		
.		
0009		
0010	02	
.		
.		
.		
0021	03	
.		
.		
.		
0900	01	002
.	.	
.	.	
.	.	
0906	07	

Tab. 11: Beispiel für ein Adressenverzeichnis

Eine Spur enthalte 9 Datensätze, ein Zylinder 10 Spuren. Die Datei benötige 25 solcher Zylinder. Die Sätze seien sequentiell gespeichert. Dateiumfang also 2250 Sätze.
Gesucht wird der Datensatz mit dem Ordnungsbegriff 906.

1. Zugriff zum Index zweiter Ordnung (Zylinderindex) → Verweis auf Zylinder 2.
2. Zugriff zum Index erster Ordnung (Spurindex) auf Zylinder 2 → Verweis auf Spur 7.
3. Zugriff auf Spur 7. Dort befindet sich der Datensatz mit dem Ordnungsbegriff 906.

Der gewünschte Satz wurde also nach drei Zugriffen auf Zylinder 2, Spur 7, gefunden. Die *Indexsätze* enthalten stets einen Schlüssel, durch den sie selbst identifiziert werden können, und einen Hinweis auf den nächsten Index niedrigerer Ordnung bzw. auf den Ordnungsbegriff des gesuchten Satzes selbst.

c) Gestreute Speicherung

Bei dieser Speicherform werden die Datensätze unsortiert eingegeben. Jeder beliebige Satz ist direkt ansprechbar. Einzelne Sätze können beliebig entfernt oder eingefügt, Lücken können freigelassen oder wieder gefüllt werden. Mit Hilfe des Ordnungsbegriffes wird die Speicheradresse ermittelt. Dabei bedient man sich direkter und indirekter Adressierungsverfahren.
Bei der *direkten Adressierung* besteht eine eindeutige, umkehrbare Beziehung zwischen Speicheradresse und Ordnungsbegriff. Jeder Ordnungsbegriff bezieht sich immer nur auf einen Speicherplatz (Einfachbelegung). Bei Abgängen bleiben die Speicherplätze leer. Zugänge können auf die Plätze gebracht werden, die von Anfang an entsprechend ihrer Ordnungsnummer für sie vorgesehen sind. Änderungen werden zurückgeschrieben.
Bei der *indirekten Adressierung* gibt es keine (umkehrbar) eindeutige Funktion. Die hier angewandten Rechenverfahren lassen allerdings eine Mehrfachbelegung eines Speicherplatzes zu. Technisch gesehen ist die Bezeichnung »Mehrfachbelegung« irreführend, denn tatsächlich werden diejenigen Sätze, die schon einen belegten Platz vorfinden, selbstverständlich nicht auf dem gleichen Platz untergebracht, sondern in einen Überlaufbereich ausgelagert.
Die direkte Adressierung ist dann vorzuziehen, wenn zwischen den Ordnungsnummern keine starken Lücken klaffen. Anderenfalls müssen die Ordnungsbegriffe durch Umrechnungsverfahren der indirekten Adressierung auf den zur Verfügung stehenden Speicherplatz verteilt werden.
Innerhalb der direkten Adressierung unterscheidet man Verfahren der Gleichsetzung, Verschiebung, Multiplikation und Division. Im einfachsten Fall sind die Ordnungsnummern und Speicheradressen identisch. Der Kunde mit der Nummer 486 ist auf Platz 486 gespeichert. In anderen Fällen wird die Erstadresse der Datei zu jedem Satz addiert. Belegen die Sätze einer Datei immer jeweils 2 Buckets (z. B. Sektoren), so ergibt sich die Adresse eines Satzes aus dem Produkt von Ordnungsnummer und einem Faktor 2. Nehmen ein Sektor oder eine Spur mehrere Sätze auf, so errechnet sich die Adresse aus Ordnungsnummer dividiert durch den jeweiligen Belegungsfaktor.
Der Quotient selbst stellt dann die Adresse des Buckets dar und der Rest gibt die Satznummer an. Aus dem Quotienten läßt sich außerdem leicht die in der Gliederungshierarchie nächsthöhere Einheit (Zylinder, Spur) errechnen.

Beispiel:
Ein Zylinder enthalte 10 Spuren, jede Spur 5 Sätze. Die Datei bestehe aus 1000 Sätzen. Die Belegung beginne bei Zylinder 0, Spur 0. Wo würde der Satz mit der Ordnungsnummer 100 stehen?
Ergebnis: Zylinder 1, Spur 9.

Die zur indirekten Adressierung angewendeten Verfahren versuchen auf verschiedene Weise, das Problem der *Verdichtung* zu lösen. Dieses Problem entsteht dadurch, daß der Nummernkreis des Ordnungsbegriffes in der Regel wesentlich größer als der verfügbare Speicherplatz ist. Verdichten heißt also, einen größeren Ordnungsnummernkreis in einen kleineren Speicherbereich zu transformieren. Die gebräuchlichsten drei Verfahren, welche dieses Problem lösen sollen, sind das Primzahlenverfahren, das Divisonsrestverfahren und die Ziffernanalyse.

(a) Primzahlverfahren
Der Ordnungsbegriff wird durch eine Primzahl dividiert. Die günstigste Primzahl ist diejenige, welche dicht unterhalb der Gesamtzahl an Datensätzen einer Datei gelegen ist. Der Divisionsrest (+1) ist die gesuchte Speicheradresse.
Beginnt die Speicheradresse nicht mit Null, dann muß jeweils noch die Basis- bzw. Erstadresse hinzugerechnet werden. Ist diese Adresse bereits belegt, wird dort lediglich ein Hinweis (Zeiger) auf den neuen Satz aufgenommen. Neben dem Platz für die bestehende Datei ist zusätzlich eine Reserve für die erwarteten Zugänge freizulassen. Dies kann in Form eines geschätzten prozentualen Zuschlages zum bestehenden Dateiumfang erfolgen.

(b) Divisionsrestverfahren
Die Vorgehensweise ist ähnlich wie beim Primzahlverfahren. Divisor ist hier jedoch keine Primzahl, sondern die Gesamtzahl der Datensätze einer Datei zuzüglich des für erwartete Neuzugänge abhängigen Speicherzuschlags. Als Divisor sind ungerade Zahlen den geraden vorzuziehen, da sie eine gleichmäßigere Verteilung der Ordnungsbegriffe gewährleisten. Der Divisionsrest gibt auch hier jeweils die Speicheradresse an.
(c) Ziffernanalyse
Die Ziffernanalyse berücksichtigt die Häufigkeitsverteilung der vorkommenden Ziffern und ist damit das genaueste, wenn auch rechnerisch aufwendigste der besprochenen

Ziffer	1. Stelle	2. Stelle	3. Stelle	...	7. Stelle
0	400	500	380	...	340
1	520	560	320	...	200
2	280	620	260	...	360
3	.	.	.	.	.
.	.	.	.	.	.
.	.	.	.	.	.
9	360	80	370	...	430

Tab. 12: Häufigkeitstabelle

Verfahren. Die Vorgehensweise kann in mehrere Schritte unterteilt werden. In einem ersten Schritt wird für jede Stelle des Ordnungsbegriffes die Häufigkeit des Auftretens der Ziffern 0 bis 9 ausgezählt. Die Häufigkeiten werden in eine Tabelle geschrieben (Tab. 12).
Grafisch veranschaulicht könnten die Häufigkeitsverteilungen je Ziffer folgendermaßen aussehen (Abb. 28):

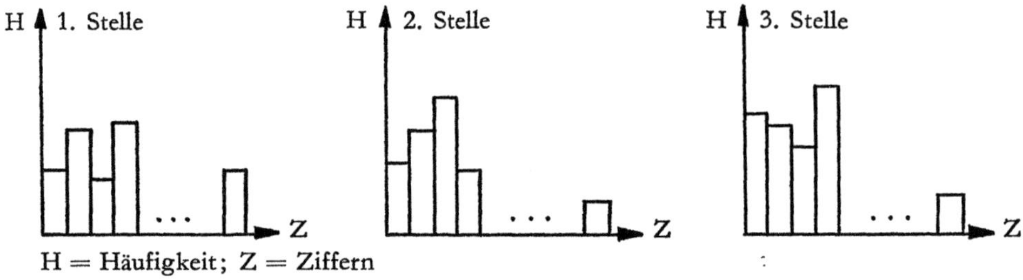

Abb. 28: Histogramm der Häufigkeiten

Ein zweiter Schritt führt zur Bildung von Arithmetischen Mittelwerten (Spalte d der folgenden Tabelle). Alle Zahlenreihen, beginnend mit Stelle 1(a) werden prozentual verschlüsselt (b) und danach kumuliert (c). Schließlich wird der Mittelwert aus zwei aufeinanderfolgenden Werten der Spalte (c) in Spalte (d) gebildet:

(a)	(d)	(c)	(b)	Spalte (d) errechnet sich folgendermaßen:
400	20	20	10	(0 + 20) 2 = 10
520	26	46	33	(20 + 46)2 = 33
280	14	60	53	(46 + 60)2 = 53

Die so für jede Stellenspalte der ersten Tabelle errechneten Mittelwerte werden in einer letzten Tabelle zusammengefaßt. An Hand dieser Tabelle können dann die Speicheradressen für jeden beliebigen Ordnungsbegriff errechnet werden.

Ziffer	1. Stelle	2. Stelle	3. Stelle	...	7. Stelle
0	10	25	19	...	17
1	33	48	35	...	27
2	53	79	48	...	45
3	.	.	.	.	.
.	.	.	.	.	.
.	.	.	.	.	.
9	92	98	89	...	97

Tab. 13: Tabelle zur Errechnung der Speicheradressen

Für jede Ziffer des betreffenden Ordnungsbegriffes wird der entsprechende Mittelwert der Tabelle entnommen. Danach wird die Summe der Mittelwerte durch die Anzahl der Stellen des Ordnungsbegriffes dividiert und mit der Zahl der vorhandenen Speicherplätze multipliziert. Das Ergebnis wird schließlich noch durch 100 dividiert.

Beispiel:

Zufällig ausgewählter Ordnungsbegriff 109 27 42; Stellenzahl ist also 7.
Die Summe der entsprechenden Mittelwerte sei

$33 + 25 + 89 \ldots + 45 = 192$

Maximale Speicherkapazität = 5000 Plätze

$$\frac{192 \cdot 5000}{7 \cdot 100} = 1371{,}04$$

Die Speicheradresse für den Ordnungsbegriff 1092742 ist also 1371. Der Rest wird vernachlässigt.
Buchstaben können im Dezimalsystem untergebracht werden.

Beispiel:
Die Zahl 109 E 42 wird 109 05 42.

(d) Verkettete Speicherorganisation
Die verkettete Speicherorganisation ist hervorragend für Datenbanken geeignet. Die Speicheradresse des logisch nächstfolgenden Satzes ist in einem Zeigerfeld am Ende eines jeden Satzes untergebracht. Die Speicheradresse zum Beispiel des 101sten Satzes ist also im Zeiger des 100sten Satzes angezeigt. Die Sätze müssen nicht nebeneinander liegen, sondern können gestreut gespeichert sein. Es ist jeweils auf den nächsthöheren oder -niedrigeren Ordnungsbegriff verwiesen.
Auch über mehrere Dateien ist eine Verkettung möglich. Dadurch wächst die Informationsbreite. Bei einer Kundenbestellung können beispielsweise Kundendatei, Lagerbestandsdatei, Produktionsdatei usw. über entsprechende Kettadressen angesprochen werden.
Bei Abgängen wird lediglich die Verkettung geändert. Der Zeiger des logisch voraufgehenden Satzes muß neu beschrieben werden. Der Zeiger verweist dann nicht mehr auf den auszusparenden Satz, sondern auf den hierauf folgenden Satz. Entsprechend wird das Zeigerfeld des logisch voraufgehenden Satzes bei einem Zugang mit der Speicheradresse des hinzugekommenen, auf einem freien Platz gespeicherten Satzes versehen. Bei Änderungen im Satzinhalt braucht lediglich der frühere Satz überschrieben zu werden. Bei Strukturänderungen, d. h. bei Änderungen in der logischen Verknüpfung der Datensätze erhalten die Zeigerfelder wie bei Ab- oder Zugängen neue Speicheradressen.
Man unterscheidet die einfache Verkettung von der doppelten Verkettung. Bei der einfachen Verkettung befindet sich in jeweils einem Zeigerfeld je Datensatz ein Hinweis auf den logisch nachfolgenden Satz. Bei der doppelten Verkettung hat jeder Datensatz

zwei Zeiger mit je einem Hinweis auf den vorangegangenen und auf den nachfolgenden Satz. Die doppelte Verkettung erlaubt ein direktes Vor- und Zurückspringen, eine Datenfolge kann daher sowohl vorwärts als auch rückwärts durchlaufen werden. Bei Datenbewegungen (Zugang, Abgang, Strukturänderung) müssen allerdings jetzt die Verbindungen des Satzes nach beiden Seiten hin geändert werden.
Die verkettete Speicherorganisation ist eine relativ komplizierte Organisationsform. Durch die Verkettung sind gegenüber der einfach gestreuten Speicherung mehr Zugriffe und längere Suchzeiten erforderlich, um einen gewünschten Satz aufzufinden. Dafür kann direkt auf mehrere Dateien zugegriffen werden. Außerdem können Überlappungen von Informationen (Redundanz) in den gespeicherten Einzeldaten abgebaut werden. Bei fachgerechter Speicherorganisation können Zugriffszahl und -zeit je Datensatz auf ein Minimum gehalten werden.
Abschließend ist folgendes festzustellen:
Bei der sequentiellen Speicherform auf Magnetband ist ein Vorsortieren sowohl der Bewegungs- als auch der Stammdaten erforderlich. Bei der index-sequentiellen Speicherung auf Magnetplatte, -trommel o. ä. müssen zumindest die Stammdaten sortiert werden. Der besondere Vorteil der gestreuten Speicherform besteht darin, daß weder Stamm- noch Bewegungsdaten vor der eigentlichen Verarbeitung sortiert zu werden brauchen.

5.4 Erstellung des Programmablaufplanes

Zur Darstellung eines DV-Problems dienen im wesentlichen:

1. Verbale Erläuterungen
2. Grafische Symbole
3. Formeln
4. Tabellen.

Tabellentechniken wurden bereits im Kapitel 3.3.3 erläutert. Von besonderem Wert sind die Entscheidungstabellen, da man mit ihnen alle in Frage kommenden Lösungsmöglichkeiten des Problems systematisch erfassen kann. Formeln sind besonders für mathematische Probleme im naturwissenschaftlich-technischen, aber auch im kaufmännischen Bereich geeignet. Verbale Erläuterungen und Texte dagegen treten zur Darstellung der logischen Zusammenhänge sehr stark in den Hintergrund, da EDV-Probleme gewöhnlich komplexer Natur sind und die logische Systematik durch den Text nicht oder nur sehr ungenügend veranschaulicht werden kann.
Neben den Entscheidungstabellen sind daher die Programmablaufpläne das zur Darstellung dieser Zusammenhänge zur Zeit am häufigsten angewendete Hilfsmittel. Ein Programmablaufplan zeigt die Verarbeitungsschritte eines Programms unter Verwendung der Sinnbilder nach der DIN-Norm 66001 auf. Die Verarbeitungsschritte oder Operationen sind grundsätzlich in der Reihenfolge notiert, in der sie später ablaufen sollen. Vorteile einer vereinheitlichten Darstellung sind darin zu suchen, daß der Programmzusammenhang deutlicher erkennbar wird und daß logische Fehler besser

diagnostiziert werden können. Außerdem arbeiten sich andere Mitarbeiter leichter ein, so daß ein Personalwechsel nicht so gravierend wirkt. Vorgedruckte Schemata der Herstellerfirma verbessern die Übersichtlichkeit. Einheitliche Richtlinien über die Verwendung von gleichen Schablonen, über die Richtung der Ja/Nein-Verzweigungen usw. erleichtern die Zusammenarbeit. Der Programmablaufplan kann verschieden stark ausgearbeitet sein. Es gibt mehrere Stufen, deren jede sich von der anderen durch den Grad der Detaillierung unterscheidet. Dabei sollte jede Stufe in einem möglichst einheitlichen Niveau der Detaillierung abgefaßt sein. Die Anzahl der Stufen, die zu einem Projekt gebildet werden können, ist abhängig vom Schwierigkeitsgrad und der Komplexität der Aufgabe.

In einer ersten Stufe wird versucht, das zunächst noch in der Umgangssprache formulierte Problem aufzugliedern und die wesentlichen, noch undifferenzierten Makrobefehle zu notieren.

Die am weitesten detaillierte, letzte Stufe enthält sämtliche zur Lösung der Aufgabe durch die Maschine benötigten Befehle, so daß diese nur noch codiert zu werden brauchen. Der PAP ist bereits der benutzten Programmiersprache angepaßt, ein gegebenenfalls angewendetes Schema der normierten Programmierung voll berücksichtigt. Er ist nicht nur zur Programmvorgabe, sondern auch zur Dokumentation geeignet.

Beim Abfassen eines Programmablaufplanes sollten bestimmte, immer wiederkehrende Programmteile als Unterroutinen standardisiert werden. Dazu gehören Programmstart (Dateieröffnung, Löschen von Feldern, Prüfen der Zähler- und Schaltergrundstellung), Kennsatzkontrollen, Endroutinen usw. Der Organisator oder Programmierer braucht dann nicht sämtliche Verarbeitungsschritte aufzuzählen. Er verweist auf die Unterroutine. Dabei können auch Hilfsprogramme wie Wurzelziehen oder andere Standard-Rechenoperationen berücksichtigt werden. Sie gehören innerhalb der Software zu den sogenannten Dienstprogrammen und werden vom Hersteller angeboten.

Der Anwender kann außerdem von Standard- und Modularprogrammen des Herstellers bzw. der Servicebüros Gebrauch machen, um den eigenen Programmieraufwand zu verringern, denn die vielfach ähnlich gelagerten Probleme erlauben eine gewisse Standardisierung der Programme. Die Übernahme eines vollständigen Programmes ist jedoch nur in den seltensten Fällen ohne eine Reihe von Änderungen möglich, da den besonderen Gegebenheiten eines jeden Betriebes Rechnung getragen werden muß.

Baustein- oder Modularprogramme (module = Baustein) besitzen einen relativ hohen Grad von Anpassungsfähigkeit. Bei der Prüfung, ob solche Programmteile vom Hersteller übernommen werden können, sind zunächst die jeweiligen Ergebnisse aus den Modularprogrammen mit den eigenen, für erforderlich gehaltenen Ergebnissen zu vergleichen. Bei vorliegenden Differenzen ist zu prüfen, welche Programmänderungen vorzunehmen wären. Darüber hinaus sind die Eingabe- und Ausgabebedingungen, Speicherformen und die Besonderheiten der Verarbeitung einer kritischen Durchsicht zu unterziehen und ihre Abstimmbarkeit mit den eigenen Anforderungen zu überprüfen. Schließlich muß der Änderungsdienst gesichert sein.

Standardroutinen ohne gleichzeitig angebotenen Änderungsdienst bei Weiterentwicklung von Betriebssystemen, Programmiersprachen oder bei Auftreten von gesetzlichen und sonstigen wichtigen Neuerungen veralten relativ schnell.

Zur Erstellung eines Programmablaufplanes wird eine Programmkurzbeschreibung benötigt. Sie enthält eine Beschreibung der Ein- und Ausgabedaten einschließlich Datenträger oder -speicher, Satzart-Kennzeichen und Sortiermerkmal, weiterhin einen entsprechenden Abschnitt aus dem Datenflußplan und alle wesentlichen Verarbeitungsschritte einschließlich der notwendigen Fehlerprüfungen, Kontrollen, Tabellen usw. Aus diesen Angaben wird dann zunächst der grobe Programmablaufplan erstellt.
Die Arbeitsteilung zwischen Systemanalytiker und Programmierer wird in den Betrieben nicht einheitlich gehandhabt. In manchen Fällen werden Programmkurzbeschreibung, Grobplan und Feinplan dem Programmierer vorgegeben, in anderen Fällen bekommt dieser lediglich die Programmkurzbeschreibung.
Die Arbeitsteilung richtet sich zweckmäßigerweise nach den jeweils gerade vorliegenden Fähigkeiten der betreffenden Mitarbeiter.
Schließlich sind noch einige Testbeispiele zusammenzustellen. Das Programm soll später danach geprüft werden, ob sich durch bestimmte, ausgewählte Eingabedaten auch die erwarteten Ergebnisse feststellen lassen. Dabei sind im wesentlichen folgende Punkte zu beachten:

- Erfassen der wichtigsten Programmzweige durch je ein Beispiel
- Verwendung von Grenzwerten (Null-Beispiele, Maximalwerte, Minimalwerte)
- Prüfung auf ordnungsgemäße Fehlermeldungen
- Sonstige Prüfungen auf Vorzeichen, Schalter, Zähler, erster und letzter Satz, Gruppenwechsel usw.

Der *Programmieraufwand* für das Projekt hängt von der Anzahl der Programme, der Anzahl der Ein- und Ausgaben, der Programmiererfahrung, den Fachkenntnissen und von der verwendeten Programmiersprache ab.
Von der IBM werden hierzu beispielsweise folgende Angaben gemacht.

1. Für jeden ein- oder auszugebenden Datenbestand wird ein Tag benötigt. Ausnahmen bilden die Datenbestände auf mehrformatigen Karten, für die 2 Tage anzusetzen sind.

2. Für den Verarbeitungsteil eines mittleren Programmes werden im Durchschnitt 6–27 Tage benötigt. Die effektive Dauer hängt vom Schwierigkeitsgrad ab. Dieser wird im wesentlichen bestimmt durch die Datenbewegungen, die Anzahl der Prüfungen, den erforderlichen Tabellenaufbau, die Programmverbindungen und die arithmetischen Operationen. Für ein mittelschweres Programm benötigt man etwa 17 Tage. Rechnen wir jeweils zwei E/A-Dateien hinzu, so beträgt die Zeitdauer im Durchschnitt etwa 21 Manntage.
3. Die Programmiererfahrung wird an Hand eines multiplikativen Faktors berücksichtigt, durch den die mittlere Zeitdauer jeweils zu korrigieren ist. Die Erfahrung wird bei einem Spitzenprogrammierer (Chefprogrammierer) mit 0,5, und beim Programmierer in Ausbildung mit 3,5 bis 4,0 berechnet.
4. Fachkenntnisse werden wiederum durch Multiplikation berücksichtigt. Der Korrekturfaktor schwankt zwischen 0,0 für den Fall, daß überhaupt keine Kenntnisse erforderlich sind, und 2,0 für den Fall, daß viele Kenntnisse erforderlich sind, und beim Programmierer solche auch vorhanden sind.

5. Die Korrekturfaktoren für Programmiererfahrung und für Fachkenntnisse werden addiert und dann mit der oben berechneten Zeitdauer multipliziert. Nehmen wir einen Faktor von 1,5 für »mittlere Programmiererfahrung« und einen Faktor von 0,5 für »einige Fachkenntnisse erforderlich und auch vorhanden« an, so ergibt sich in unserem Beispiel nunmehr eine Dauer von (0,5 + 1,5) 21 = 42 Manntagen.
6. Bei der Programmiersprache Assembler werden im Durchschnitt für den Verarbeitungsteil nicht 17, sondern 28 Tage, also mehr als die anderthalbfache Zeit gegenüber den Sprachen Cobol, Algol, Fortran und Pl 1 benötigt. Bei RPG sind dagegen im Durchschnitt nur etwa 8 Tage erforderlich.
7. Diese Angaben beziehen sich auf Programmaufbau, Test und Dokumentation. Für die voraufgehenden Arbeiten der Systemplanung werden noch einmal zusätzlich 70 bis 110 % angesetzt. Ein mittleres Projekt dauert daher rund 84 Manntage. Hinzu kommen Verlustzeiten durch Berichterstattung, Wartezeiten, Personalwechsel, Krankheit, Urlaub, Schulung usw. in Höhe von rund 25–40 %. Für ein mittleres Projekt ist also im Durchschnitt mit rund 112 Manntagen zu rechnen.

5.5 Bestimmung der Programmiersprache

Zur Kommunikation zwischen Computer und Benutzer steht dem Programmierer eine mittlerweile beachtliche Anzahl von Sprachen zur Verfügung. Im allgemeinen werden folgende Gruppen gebildet:

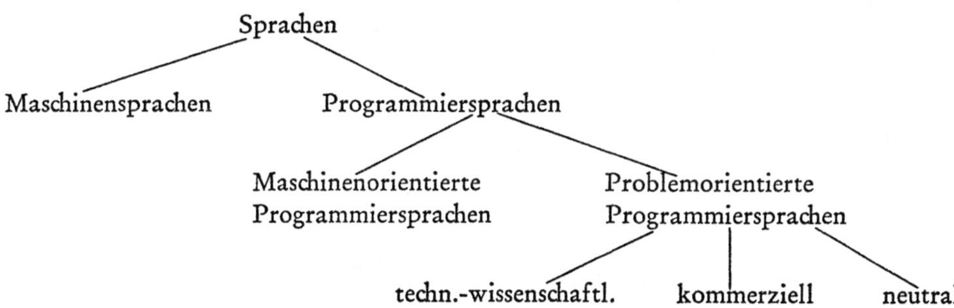

Maschinensprachen brauchen nicht mehr durch ein Übersetzungsprogramm umgewandelt zu werden. Die verwendeten Zeichen sind in der Regel Binärziffern. Die Anwendung dieser Sprachen setzt detaillierte maschinentechnische Kenntnisse der jeweiligen EDV-Anlage voraus. Sie wird daher heute normalerweise nur noch beim Hersteller benutzt.
Maschinenorientierte Programmiersprachen sind noch relativ eng an die Befehlsstruktur der Maschinensprache angelehnt. Sie verwenden jedoch nicht mehr die absoluten Speicheradressen, sondern symbolische Adressen. Darüber hinaus werden Einzelinstruktionen vielfach zu Makrobefehlen zusammengefaßt, so daß mit einem Befehl mehrere Operationen erfaßt werden können. Ein Umwandlungsprogramm nimmt sowohl die

Adressierung als auch die Aufschlüsselung der Makros in Einzelbefehle vor. Vor der eigentlichen Verarbeitung des in einer maschinenorientierten Sprache abgefaßten Programms ist also ein Übersetzungslauf erforderlich. Am häufigsten vorkommende Vertreterin dieses Sprachtyps ist die Assemblersprache. Besondere Vorteile der maschinenorientierten Sprache sind darin zu sehen, daß sie die Speicherkapazität der Anlage und die zur Verfügung stehende Verarbeitungszeit besser nutzt als dies die problemorientierten Sprachen tun.

Problemorientierte Sprachen sind unabhängig von der maschinellen Struktur. Sie sind entweder besonders gut für Massenarbeiten in Wirtschaft und Verwaltung (Cobol) oder aber mehr für rechenintensive Aufgaben aus Wissenschaft und Technik (Algol, Fortran) geeignet. Zu einer dritten Gruppe gehören die für beide Bereiche gleichermaßen gut geeigneten Sprachen (PL 1). Gegenüber den maschinenorientierten Sprachen liegen die Vorteile hier in einem stark reduzierten Programmieraufwand und einer geringeren Testzeit. Problemsprachen sind leichter erlernbar und werden daher besonders in den Fällen eines starken Personalengpasses und einer relativ hohen Personalfluktuation bevorzugt. Liegt der Engpaß dagegen mehr in der Speicherkapazität und in der Verarbeitungszeit, dann sind maschinenorientierte Sprachen vorteilhafter.

Eine spezielle Gruppe von problemorientierten Programmiersprachen sind die besonders leicht erlernbaren Sprachen mit *Programmgeneratoren.* Bekanntestes Beispiel hierfür ist RPG (Report Program Generator). Das eigentliche Verarbeitungsprogramm wird automatisch erstellt. Der Benutzer hat lediglich Parameterkarten oder Formulare für Eingabe, Ausgabe und Verarbeitung auszufüllen.

Ein Vergleich der bekanntesten Programmiersprachen kann grafisch folgendermaßen veranschaulicht werden (Abb. 29):

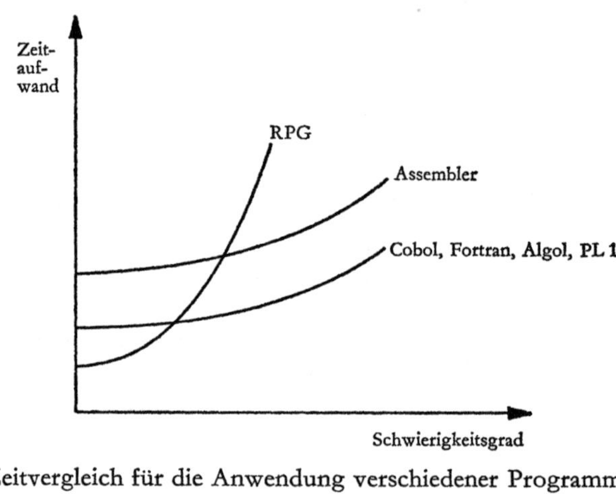

Abb. 29: Zeitvergleich für die Anwendung verschiedener Programmiersprachen

Die Grafik zeigt, daß der Zeitaufwand für das Schreiben eines leichten Programmes bei RPG besonders niedrig ist. Bei komplizierten Problemen ändert sich das Bild. Der Programmieraufwand steigt bei RPG stark an. Assembler nimmt eine Mittelstellung ein, ist jedoch den problemorientierten Sprachen deutlich unterlegen.

Bei den Kosten ergibt sich etwa folgendes Bild (Abb. 3):

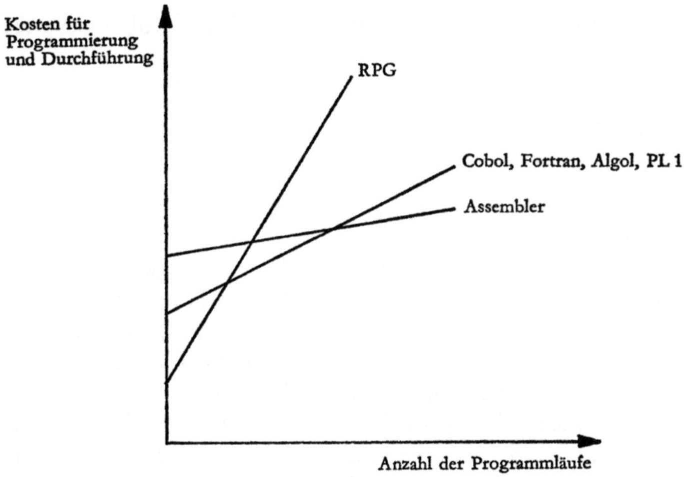

Abb. 30: Kostenvergleich für die Anwendung verschiedener Programmiersprachen

Die Höhe der Kosten setzt sich zusammen aus Personalkosten für Programmierung und Maschinenkosten für die Durchführung (beides einschließlich anteiliger Gemeinkosten). Während bei den problemorientierten Sprachen mit zunehmender Anzahl der Programmläufe der sinkende Kostenanteil für Programmieraufwand durch den steigenden Kostenanteil für Maschinenlaufzeit kompensiert wird, ist es bei Assembler umgekehrt. Hier wirkt sich zunehmend die kürzere Laufzeit und der geringere Speicherbedarf günstig auf die Kostenentwicklung aus. RPG ist besonders vorteilhaft bei kleinen Programmen mit einer geringen Verarbeitungsfrequenz.
Bei der Auswahl einer Programmiersprache sind im wesentlichen folgende Punkte zu prüfen:

- Programmiererfahrung
- Personalsituation (Engpaß, Fluktuation?)
- Ausbildungsaufwand
- Programmieraufwand
- Testzeiten
- Verarbeitungszeit
- Verarbeitungshäufigkeit
- Speicherkapazität
- Art des Problems
- Kompatibilität.

5.6 Aufbereitung der Ein- und Ausgabeformulare

Die Formularaufbereitung kann zweckmäßig in *drei Stufen* vollzogen werden:

a) Formularentwurf
b) Festlegung der E/A-Sicherungen
c) Formularspezifikation.

a) Formularentwurf
Die benötigten Ein- und Ausgabeformulare und die sonstigen Formulare werden zunächst zusammengestellt. Sie können in eine vorläufige *Formularliste* mit einer laufenden Nummer, der Formularbezeichnung und der Zahl der benötigten Exemplare bzw. Kopien eingetragen werden. Der Formularentwurf beschäftigt sich sowohl mit den neu zu erstellenden als auch mit den bereits gebräuchlichen, aber eventuell umzugestaltenden Belegen. Soweit nicht schon geschehen, werden die Daten je Formular zusammengestellt. Dies geschieht entweder in einer ersten Übersicht oder in einer Skizze, aus der bereits die Anordnung der Wortgruppen hervorgeht. In ein Formular kann man folgende Arten von Informationen aufnehmen:

(a) unbedingt notwendige Informationen
(b) zusätzlich nützliche Informationen
(c) nicht erforderliche bzw. überflüssige Informationen.

Punkt (c) stellt vermeidbaren Ballast dar, der häufig bei älteren, noch gebräuchlichen Belegen anzutreffen ist. Zusätzlich nützliche Informationen (b) verbrauchen wertvolle Zugriffs-, Lese- und Schreibzeit sowie Speicherplatz. Sind die Kosten aus dem zusätzlichen Faktorverbrauch größer als man für den Erhalt der zusätzlichen Informationen auszugeben bereit ist, sollten sie weggelassen werden. Wegen der zumeist relativ hohen Kosten für zusätzliche Informationen gilt der allgemeine Grundsatz, nur *unbedingt notwendige Informationen* (a) aufzunehmen.
Ein weiterer allgemeiner Grundsatz ist die *Zweckmäßigkeit.* Der Organisator muß sich zunächst Klarheit verschaffen über die jeweiligen Aufgaben des betreffenden Formulars. Danach werden die zur Erfüllung dieser Aufgaben erforderlichen Daten zusammengestellt, die Formularqualität bestimmt und die endgültige Anordnung der Daten vorgenommen.
Die Formularqualität bezieht sich auf die äußere Gestaltung des Belegs, insbesondere auf Papier- und Druckqualität. Eine Kontaktaufnahme mit verschiedenen Lieferanten oder Herstellern ist in der Regel unumgänglich. Im Zusammenhang mit der Formularqualität müssen folgende Fragen geklärt werden:

1. Formulargröße
2. Papier- (oder Beleg-)stärke

3. Papier- (oder Beleg-)qualität
4. Vervielfältigungserfordernisse und -möglichkeiten
5. Druckfarben
6. Druckbuchstaben, Art und Größe.

Bezüglich der *Anordnung* der Daten sind zunächst einige allgemeine Kriterien zu beachten. Die Erstellung und Benutzung der Formulare sollte mit möglichst geringem Aufwand verbunden sein. Die besondere Aufmerksamkeit gilt daher dem vermeidbaren Arbeitsaufwand. Man kann unterscheiden zwischen:

(a) Benutzerkriterien
Wer benutzt zu welchem Zweck Informationen in welcher dafür geeigneten Form? Besonderer Wert muß dabei auf Übersichtlichkeit (ggf. ein Werbeeffekt), schnelles Erfassen des Wesentlichen, leichtes Abheben und ähnliches mehr gelegt werden. Grundsätzlich ist Ankreuzen besser als Ausfüllen.

(b) Erstellerkriterien
Es muß zunächst festgestellt werden, wer mit welchen Mitteln aus welchen Unterlagen die Datenträger oder Formulare erstellt. Zu beachten sind: Gewöhnungsfaktoren, besondere Gebräuche, gleiche Reihenfolge der Daten bei Urbelegen und Datenträgern, möglichst geringe Schreibarbeit.

Nachfolgend werden *Einzelheiten* aufgezählt. Es handelt sich dabei um Fragen, die je Formular in der Regel Punkt für Punkt geklärt werden müssen.

- Zeichengröße, -dichte und -stärke (Hervorheben, Absetzen)
- Zeilenzahl je Formular und Zeilenabstand
- Linien (Unterstreichen, Einrahmen, Leerkästchen, Tabellen usw.)
- Rand (Abheften)
- Maschinelle Besonderheiten (Zeilenabstand, Tabellator, Erkennungszeichen)
- Formale Besonderheiten (Fensterbriefhüllen, Adressen, Formularkopf, Unterschriften, Vermerke, Eintragungen).

Als Skizzenblatt oder Layout dient ein leeres Blatt, in das entsprechend den Druckzeilen Linien gezogen werden können, oder einfach ein kariertes Blatt, das später maßstabsgetreu übertragen wird. Vom Hersteller können für Lochkarten sog. Kartenaufbaublätter oder für den Drucker entsprechende Endlosformulare verwendet werden. Nachdem das Formular entworfen ist, erfolgt eine letzte Überprüfung desselben an Hand der üblichen Kriterien: vollständig? richtig? klar? knapp? Nach Fertigstellung des Formulars werden Benutzer, Ersteller, Transportfachleute und verantwortliche Mitarbeiter informiert.
Zusammenfassend ist also festzustellen, daß *je Formular* folgende vier Schritte zu durchlaufen sind:

1. Welche Aufgaben?
2. Welche Daten?
3. Welche Formularqualität?
4. Welche Anordnung der Daten?

Nach Benachrichtigung der betreffenden Mitarbeiter erfolgt dann

b) die Festlegung der Ein- und Ausgabesicherungen.
Ein- und Ausgabesicherungen gehören zur Gruppe der Gültigkeits- oder *Fehlerprüfungen.* Diese Prüfungen erstrecken sich von der Eingabe über die Verarbeitung bis zur Ausgabe der Daten. Sinn der Prüfungen ist es, mögliche, bei der Eingabe oder Programmverarbeitung entstehende Fehler auszuschalten. Maschinenfehler werden normalerweise durch die in die Hardware eingebauten, automatischen Kontrollen erkannt bzw. beseitigt. Die vom Hersteller mitgelieferte Software enthält ebenfalls Fehlerkontrollen. Daneben aber muß der Organisator selbst eine Reihe von Fehlerprüfungen berücksichtigen.
Er muß angeben, welche Ein- und Ausgabedaten mit Hilfe welcher Kontrollroutinen geprüft werden sollen. Hierfür bieten sich ihm verschiedene Möglichkeiten an. Im wesentlichen handelt es sich um folgende Prüfungen:

1. Vorzeichen
2. Zahlenwerte
3. Buchstaben
4. Leerstellen und Zwischenräume
5. Reihenfolgen
6. Vollständigkeit
7. Kontrollsummen
8. Grenzprüfungen (Maximum, Minimum)
9. Plausibilität
10. Zähler
11. Nummern
12. Querrechnung
13. Multiplikationsrechnungen
14. Modulus
15. Kontrollziffern.

Zu den Ein- und Ausgabesicherungen im weiteren Sinne gehören nicht nur Formularprüfungen, sondern auch die Kontrollen aller Ein- und Ausgabedatenträger.
So müssen nicht nur Lochkarten bei der Eingabe auf die richtige Kartenart, sondern ebenfalls die an das EDV-System angeschlossenen Bänder oder Platten oder die zu verarbeitenden Dateien geprüft werden. Dies geschieht mit Hilfe von Band-, Platten- und Dateikennsätzen. Dadurch kann die Identität des gewünschten Datenbestandes mit den tatsächlich eingegebenen Dateien oder Datenträgern überprüft werden.

Für den Organisator kommt es im wesentlichen darauf an, festzulegen

1. welche Daten jeweils zu prüfen sind
2. welche Prüfungen angewandt werden sollen.

Wegen der besonderen Bedeutung der Nummernprüfung oder *Prüfziffernrechnung* soll diese Form der Eingabesicherung nachfolgend kurz erläutert werden. Mit der Nummernprüfung werden vornehmlich Ordnungsbegriffe gegen Fehler bei der Datenerfassung (Schreib-Lesefehler) abgesichert. Die jeweils zum Ordnungsbegriff hinzugefügte und mit ihm zusammen eingegebene Prüfziffer wird mit einer automatisch errechneten Prüfziffer verglichen. Bei Ungleichheit erfolgt eine Fehleranzeige.
Die Prüfziffer kann durch eine einfache *Quersummenrechnung* ermittelt werden: Die Ziffern einer Zahl (z. B. 149) werden addiert (14). Die letzte Stelle des Ergebnisses ist die Prüfziffer (4). Hierbei werden aber keine Zahlenvertauschungen (sog. Zahlendreher) erfaßt. Verbreiteter ist daher die Verwendung von *Moduli* (insbes. Modulus 10 und 11).
Der Sortierbegriff wird mit einer bestimmten Zahlenfolge multipliziert und danach durch den Modulus dividiert. Die Zahlenfolge der Modulus-11-Prüfung ist 2, 3, 4 bis 9 und die Zahlenfolge der Modulus-10-Prüfung ist 7,3,1,7,3,1 . . .
Bei der Multiplikation der Zahl (149) wird jeweils mit der Einerstelle begonnen, dann mit der Zehnerstelle fortgesetzt usw. Die Prüfziffer ist der Divisionsrest.
Beispiel 1: Modulus-11-Prüfung
Sortierbegriff: 149
Berechnung: 1x2 + 4x3 + 9x4 = 50
50/11 = 44 Rest 6
Prüfziffer: 6; Sortierbegriff mit Prüfziffer: 1496
Beispiel 2: Modulus-10-Prüfung
Sortierbegriff: 149
Berechnung: 1x7 + 4x3 + 9x1 = 28
28/10 = 2 Rest 8
Prüfziffer: 8; Sortierbegriff mit Prüfziffer: 1498.
Der Sicherheitsgrad dieser Art der Fehlerprüfung liegt bei 99 % aller Fehler.

c) Formularspezifikation
Die Formularspezifikation enthält Zusatzinformationen über das betreffende Formular. Das sind Angaben über Geräte- und Zeitbedarf, Arbeitsanweisungen für das Personal und sonstige organisatorische Hinweise. Sie werden in einem Anhang an das jeweilige Formular zusammengestellt.
Formularentwurf und -spezifikation werden später in die Programmvorgabe und die Dokumentation aufgenommen.
Um die Zusatzinformationen zusammenzustellen, muß der *Faktoreneinsatz* je Formular für den gesamten Arbeitsprozeß von der Beschaffung des Rohmaterials (Papier, Lochkarten, Vordrucke usw.) über die Erfassung, Übermittlung und Verteilung der Daten bis zur Auswertung und Lagerung der Datenträger und der sonstigen Belege näher beschrieben werden.

Je Stufe ist in Form von Beschreibungen und Arbeitsanweisungen das Wer, Wie, Woher, Wohin und Wann festzulegen.
Jedes Formular muß rechtzeitig beschafft werden und im Bedarfsfall zur Verfügung stehen. Ein Belegleseformular z. B. wird zur Eingabe aufbereitet, indem die notwendigen Eintragungen durchgeführt werden. Nach Eingabe des Formulars ist der Weg noch nicht zu Ende. Lageranweisungen und Aufbewahrungsvorschriften, die in einer Reihe von Fällen gesetzlich geregelt sind, müssen berücksichtigt werden. Für das eben erwähnte Formular sind also folgende Aufgaben zu spezifizieren:
Beschaffung → Aufbereitung → Eingabe → Lagerung.
Darin eingeschlossen sind jeweils Transport- oder Übermittlungsanweisungen. Für jede der Aufgaben ist der entsprechende *Faktoreinsatz* zu beschreiben, bevor mit der Projektdurchführung begonnen werden kann.

- Personaleinsatz

Anzahl, Qualifikation und Arbeitsfolge
(z. B. Lochanweisungen)

- Maschineneinsatz und Materialverbrauch

Maschinentypen, Zusatzeinrichtungen, Arbeitsgeräte, sonstige Arbeitsmittel

- Zeitbedarf und Termine

ggf. Zeitdiagramme

- Organisatorische Hinweise

Art der Erfassung, Erfassungswege, Sortierordnung, Kontrollmaßnahmen, sonstige betriebliche Besonderheiten.

Zu den Ausgabeformularen müssen Verteilerverzeichnisse erstellt werden, Auswertungsfragen geklärt und Anweisungen für die Regelungen von unerwarteten Auswertungsergebnissen und Ausnahmesituationen gegeben werden. Die Formularspezifikation erfolgt je Formular nach den vorliegenden Erfordernissen. Besonderheiten des jeweiligen Projekts, bestehende Usancen innerhalb des Betriebes werden für die Spezifikation bestimmend sein.
Am Ende der Formularaufbereitung liegen folgende Unterlagen vor:

1. Ein Verzeichnis der E/A-Formulare
2. Eingabeformulare (einschl. Spezifikation)
3. Ausgabeformulare (einschl. Spezifikation).

5.7 Anlagenauswahl

Wir hatten die Anforderungen an die EDV-Anlage bereits im Anschluß an den Rahmenvorschlag in Kapitel 4.4 festgelegt. Nachdem die Angebote der von uns angeschriebenen Hersteller eingegangen sind, werden nunmehr die verschiedenen zur Auswahl stehenden Vorschläge miteinander verglichen. Um die teilweise sehr unterschiedlichen quantitativen und qualitativen Angaben überhaupt miteinander vergleichen zu können, bedient man sich eines Punktesystems. Die dabei angewandte Methode ist die sogenannte Multifaktorenmethode. Sie kann durch die folgenden fünf Schritte beschrieben werden:

1. Die Angebotsaufforderung in Kapitel 4.4 enthielt folgende Hauptgruppen:

1. Angaben zur Hardware
2. Angaben zur Software
3. Angaben zum Service
4. Angaben zu den Kosten
5. Angaben zu den sonstigen Vertragsbedingungen

Diese Hauptgruppen können in Untergruppen aufgeteilt und schließlich noch weiter in die einzelnen Eigenschaften aufgefächert werden.
Für den Kartenleser könnte ein Eigenschaftskatalog entsprechend etwa folgendermaßen aussehen:

Kartenleser:

- Lesegeschwindigkeit
- Kupplungsart
- Anzahl Lesebahnen
- Ablagefächer
- Lesekontrolle
- Code-Arten.

2. In einem zweiten Schritt werden die oben aufgeführten Hauptgruppen mit unterschiedlichen Gewichten versehen.
Die Höhe der Gewichtungsfaktoren richtet sich nach der relativen Bedeutung, die man jeder einzelnen Hauptgruppe beimißt.

Beispiel:

Hauptgruppen	Gewichtung
Hardware	130
Software	50
Service	20
Kosten	140
Sonstige Vertragsbedingungen	30
Gesamtsumme	350

Tab. 14: Beispiel einer Gewichtungstabelle

Die Gewichtung ist stark von subjektiven Faktoren abhängig und fällt daher stets unterschiedlich aus. Dennoch sollte die Bewertung nicht willkürlich sein, sondern die besonderen Gegebenheiten der jeweiligen Situation eines Betriebes berücksichtigen.

Die Höhe der Kosten beispielsweise fällt dann besonders ins Gewicht, wenn der Kapitalmarkt angespannt ist oder die finanzielle Situation des Betriebes eine langfristige Belastung nur in sehr begrenztem Umfang zuläßt. Generell kann man jedoch feststellen, daß die Software mit zunehmender Größe der Anlage an Bedeutung gewinnt und damit zunehmend höher bewertet wird, und daß die Kostenseite gegenüber der Leistungsseite an Gewicht verliert. Die Gewichtungsfaktoren sollten verbal kurz begründet werden.

3. Nunmehr bekommt jede einzelne Eigenschaft innerhalb der jeweiligen Gruppe ein Gewicht zugeordnet. Die Gesamtpunktezahl, die je Gruppe vergeben wird, muß dabei mit den oben festgelegten Zahlen übereinstimmen.

Beurteilungskriterien	Gewichtung	Anlage A		Anlage B	
		Standard	Punkte	Standard	Punkte
1. Hardware	100		540		660
1.1 Aufbau und Arbeitsweise	20	6	120	6	120
1.2 Zentraleinheit	10	9	90	4	40
1.3 E/A-Geräte	30	6	180	9	270
1.4 Externe Speicher	20	5	100	4	80
1.5 Kompatibilität	10	2	20	6	60
1.6 Erweiterungsmöglichkeiten	10	3	30	9	90
2. Software	40		310		150
2.1 Betriebssysteme	20	7	140	5	100
2.2 Programmiersprache	10	9	90	2	20
2.3 Standardprogramme	10	8	80	3	30
3. Service	30		125		160
3.1 Wartung u. Instandhaltung	20	4	80	5	100
3.2 Ausweichmöglichkeiten	5	3	15	8	40
3.3 Beratung und Schulung	5	6	30	4	20
4. Kosten	120		560		720
4.1 Einmalkosten	80	5	400	6	480
4.2 Laufende Kosten	40	4	160	6	240
5. Sonst. Vertragsbedingungen	20		125		40
5.1 Vertragsarten u. Laufzeiten	5	6	30	2	10
5.2 Lieferbedingungen	5	3	15	4	20
5.3 Zahlungsmodalitäten	10	8	80	1	10
Gesamtsumme			1660		1730

Die Bewertungsskale reicht von
1 (= sehr weit unter Standard) über 5 (= Standard) bis 9 (= sehr weit über Standard).

Tab. 15: Vergleich zweier Anlagentypen

4. Nachdem jede Eigenschaft entsprechend ihrer Bedeutung innerhalb des Gesamtsystems eine Zahl bekommen hat, werden jetzt die verschiedenen zur Diskussion stehenden Angebote bewertet. Die Bewertung richtet sich danach, inwieweit die Mindestanforderungen oder Standards je Eigenschaft oder je Untergruppe erfüllt sind. Dabei kann man von fünf Gruppen ausgehen:

5 = sehr weit über Standard
4 = deutlich über Standard
3 = Standard
2 = deutlich unter Standard
1 = sehr weit unter Standard.

Um noch feinere Abstufungen vornehmen zu können, werden mitunter auch Einteilungen von 10 oder 100 Punkten vorgeschlagen.

5. Schließlich müssen die Punkte für die Beurteilung der einzelnen Anlagen mit den Gewichtsfaktoren je Eigenschaft multipliziert werden. Diejenige Anlage mit der höchsten Gesamtpunktzahl ist die günstigste Anlage.

Beispiel
Es stehen zwei Anlagen zur Auswahl. Dabei wurden die in der Angebotsaufforderung vermerkten Eigenschaften wie folgt bewertet (Tab. 15).
Anlage B ist Anlage A knapp überlegen. Der Anwender legte hier offenbar größeren Wert auf leistungsfähige Ein- und Ausgabegeräte als auf eine besonders qualifizierte Zentraleinheit. Außerdem sprechen etwas geringere Kosten zugunsten Anlage B.

5.8 Programmvorgabe und Dokumentation

a) Programmvorgabe
Die Programmvorgabe bildet die Nahtstelle zwischen Systemanalyse und Programmierung. Sie enthält alle Angaben, die der Programmierer zur Ausarbeitung der Programme benötigt. Folgende Punkte sind bei der Zusammenstellung der Programmvorgabe zu beachten:

1. Deckblatt
2. Inhaltsverzeichnis
3. Datenflußplan
4. Programmkurzbeschreibung
5. Programmablaufpläne
6. Datensatzverzeichnis
7. Schlüsselverzeichnis
8. Datensatzbeschreibung
9. Dateibeschreibung

10. Speicherübersicht
11. Formulare und Listbilder
12. Testvorgaben.

Die Konfiguration kann hinzugefügt werden. Ebenso können allgemeine Hinweise über Personal- und Zeitbedarf (geschätzte Programmierzeit) und voraussichtliche Programmierkosten hinzugesetzt werden.
Erfahrene Praktiker wissen eine exakte und vollständige Programmvorgabe zu schätzen, denn sie erspart laufende Rückfragen, mündliche Erläuterungen und sichert gegen spätere Verfälschungen oder Mißinterpretationen ab.

b) Projektdokumentation
Die Dokumentation ist eine Art Nachschlagewerk, das alle wichtigen Projektunterlagen enthält. Sie besteht aus fünf Teilen:

1. Einführung
2. Sollablauf
3. Programmvorgabe
4. Maschinelle Ausrüstung
5. Programmdokumentation.

Die Einführung bezieht sich auf formale Kennzeichen sowie auf eine kurze Beschreibung der Aufgaben des Projekts. Zu den formalen Kennzeichen gehören:
Projektbezeichnung, Projektnummer, Projektleiter, Unterschrift und Datum. Die Unterschrift weist die vorliegende Dokumentation als eine von der Geschäftsleitung genehmigte Fassung aus. Weitere Hinweise auf Mitarbeiter, Berater, Projektdauer, Umstellungstermine usw. können folgen.
Sofern inzwischen keine Änderungen vorgenommen wurden, kann der Sollablauf aus dem Rahmenplan übernommen werden. Anderenfalls sind natürlich die Verbesserungen, Erweiterungen oder sonstigen Umstellungen zu berücksichtigen.
Die Programmvorgabe kann so, wie sie im vorigen Abschnitt beschrieben wurde, in die Dokumentation übernommen werden.
Zur maschinellen Ausrüstung gehören Zentraleinheit, Peripherie, Erfassungsgeräte und Zusatzmaschinen. Sie werden zusammen mit Herstellernamen und Typenbezeichnung in eine Liste aufgenommen. Die Konfiguration des EDV-Systems kann grafisch veranschaulicht werden. Außerdem kann auch die benutzte Software einschließlich Betriebssystem dargestellt bzw. erläutert werden.
Die Programmdokumentation enthält die Programme (Quellen- und Objektprogramme), Programmspeicher, Test und Testergebnisse sowie Benutzungshinweise.
Aus der Programmdokumentation geht auch hervor, wann die Programme laufen sollen, welche Dateien benötigt werden, was bei Programmunterbrechungen zu veranlassen ist, welche Fehlerstopps vorkommen können usw. Schließlich sind auch Angaben über den Änderungsdienst beigefügt.

Eine Projektdokumentation umfaßt im einzelnen folgende Angaben:

1. Einführung

1.1 Allgemeine Hinweise
Projektbezeichnung
Projektnummer
Projektleiter
Unterschrift
Datum
1.2 Aufgaben des Projekts

2. Sollablauf

3. Programmvorgabe
3.1 Datenflußplan
3.2 Programmkurzbeschreibung
3.3 Programmablaufplan
3.4 Datensatzverzeichnis
3.5 Schlüsselverzeichnis
3.6 Datensatzbeschreibung
3.7 Dateibeschreibung
3.8 Speicherübersicht
3.9 Formulare und Listbilder
3.10 Testvorgaben

4. Maschinelle Ausrüstung

4.1 Zentraleinheit
4.2 Peripherie
4.3 Erfassungsmaschinen
4.4. Zusatzgeräte
4.5 Grafische Übersicht (Konfiguration)

5. Programmdokumentation

5.1 Programmverzeichnis
5.2 Quellenprogramme (Assembler, Cobol, Algol . . .)
5.3 Objektprogramme (Umgewandelte Programme)
5.4 Tests und Testergebnisse
5.5 Hinweise zur Maschinenbedienung
5.6 Laufzeiten und Termine
5.7 Änderungsdienst.

Sowohl Programme als auch Dateien sind aus einer Reihe von Gründen im Zeitablauf Änderungen unterworfen. Zu diesen Gründen gehören:

- technische Abnutzung (z. B. Bandverschleiß)
- wirtschaftliche Veränderungen (z. B. Sortimentserweiterungen)
- gesetzliche Neuerungen (z. B. Steuerrichtlinien)
- organisatorische Veränderungen (z. B. neues Betriebssystem)
- sachliche Änderungen in der Aufgabenstellung und in der Problemlösung.

Es ist daher ein Änderungsdienst einzurichten. Eine diesbezügliche Kooperation mit den Fachabteilungen soll dafür sorgen, daß die notwendigen Änderungen rechtzeitig mitgeteilt und die entsprechenden Maßnahmen zur erforderlichen Zeit eingeleitet werden. Genehmigungsverfahren mit Prüfung und Unterzeichnung der Vorschläge durch die verantwortlichen Sachbearbeiter, Abteilungsleiter usw. sind für den ordnungsgemäßen Ablauf des Änderungsdienstes festzulegen.

6. Systemeinführung

6.1 Personalplanung für die EDV-Organisation

Die Personalplanung innerhalb eines EDV-Projektes gliedert sich in drei Teile:

- Personalbedarfsplanung
- Organisation der Datenverarbeitungsabteilung
- Eingliederung der Datenverarbeitungsabteilung in die Organisationsstruktur des Unternehmens.

Bei der Personalbedarfsplanung müssen folgende Funktionen bzw. Personalplanstellen berücksichtigt werden:

- Leiter des Rechenzentrums
- Organisatoren
- Programmierer
- Operator
- Bedienungskräfte für die Ein- und Ausgabegeräte
- Datatypistinnen
- Hilfskräfte.

Der Zeitraum vom Beginn des EDV-Projektes bis zu dessen Abschluß läßt sich in drei Zeitabschnitte gliedern, die einen unterschiedlichen Bedarf an Organisatoren, Programmierern und Bedienungspersonal für die Anlage aufweisen:

1. Zeit bis zum Eintreffen der Anlage
2. Zeit bis zum Abschluß der geplanten Umstellungsarbeiten
3. Zeit nach der Umstellung.

In der ersten Phase des EDV-Projektes liegt das Schwergewicht bei der Organisations- und Programmierungsgruppe. Im zweiten angegebenen Zeitraum kommt zu diesen Organisations- und Programmierungsfachleuten noch das Maschinenpersonal. Nach der erfolgreichen Umstellung reduziert sich der Bedarf an Organisatoren und Programmierern erheblich.
Der Bedarf an Programmierern und Organisatoren richtet sich nach der Größe des umzustellenden Unternehmensbereiches und dem Schwierigkeitsgrad der dort vorliegenden Arbeitsabläufe. Genaue, allgemeingültige Schätzwerte lassen sich schwer angeben. Als Faustregel gilt jedoch, daß normale, kommerzielle Programme ungefähr

4 Mannmonate für die organisatorische Vorplanung und die Programmierung benötigen. Bei schwierigeren Programmen kann sich diese Zahl jedoch leicht verdoppeln.
Wesentlich einfacher gestaltet sich die Personalplanung bezüglich des Maschinenpersonals. Die Anzahl der dort tätigen Mitarbeiter steht in einem direkten Verhältnis zu der in Aussicht genommenen Maschinenkonfiguration. Hierbei ist lediglich zu beachten, daß für jede Funktion mindestens 2 Mitarbeiter zur Verfügung stehen, um bei Krankheit oder Kündigung auftretende Lücken schnell überbrücken zu können.
Für die Organisationsstruktur des EDV-Bereiches wird eine funktionale Gliederung empfohlen. Hierbei können mehrere Funktionen einem Mitarbeiter übertragen werden oder eine Funktion wird von mehreren Mitarbeitern ausgeübt. Bestimmend dafür ist der Umfang der Funktion und die Qualifikation des zur Verfügung stehenden Personals. Funktionen werden hierbei als Aufgaben definiert, die in der Datenverarbeitungsabteilung anfallen und die, losgelöst von ihrem Träger, in ihrem fachlichen Unterstellungsverhältnis im Funktionsschaubild und inhaltlich in der Funktionsbeschreibung dargestellt werden. Abb. 31 zeigt das Beispiel einer funktionalen Gliederung des EDV-Bereiches.

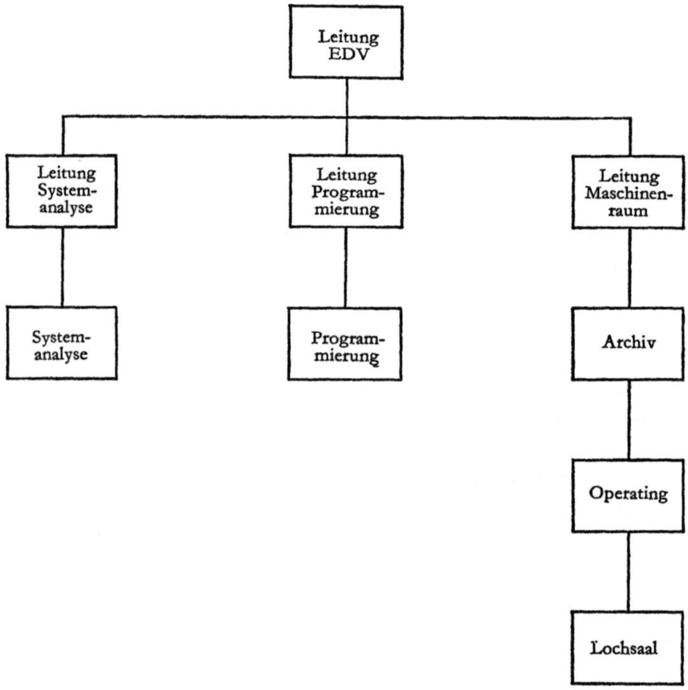

Abb. 31: Organisation der EDV-Abteilung

Funktionsbeschreibung: Leiter der Datenverarbeitung
- Aufstellen der Funktionsgliederung
- Planung des Personalbedarfs und der Personalausbildung

- Personaleinsatzplanung
- Festlegen der Arbeitsregeln
- Terminplanung und -kontrolle
- Entscheidung über Durchführung von Sonderaufgaben
- Kostenschätzung und Kostenkontrolle
- Wirtschaftlichkeitsberechnungen

Funktionsbeschreibung: Leitung Systemanalyse
- Richtlinien für die Systemanalyse
- Terminplanung und -kontrolle
- Arbeitsverteilung
- Kontrolle der Dokumentation
- Leitung und Kontrolle über das jeweilige Umstellungsprojekt
- Vorbereitungsplanung für die Umstellung

Funktionsbeschreibung: Systemanalytiker
- Ist-Aufnahmen
- Erstellen der Soll-Konzepte
- Programmvorgaben
- Dokumentation

Funktionsbeschreibung: Leitung Programmierung
- Programmierungsrichtlinien ausarbeiten
- Terminplanung und -kontrolle
- Arbeitsverteilungsplan
- Kontrolle der Programmdokumentation
- Programmpflege
- Mitarbeit bei der Auswahl von Programmiersprachen, Software und Programmierhilfen
- Organisation der Testläufe

Funktionsbeschreibung: Programmierung
- Entwurf Programmaufbau
- Codierung
- Austesten
- Dokumentation

Funktionsbeschreibung: Leitung Maschinenraum
- Arbeitsvorbereitung
- Überwachung der Materialbestände und der Einsatzbereitschaft der Maschinen
- Maschinenbelastungsplan führen
- Kontrolle über verwaltete Speichermedien

Für die Einordnung der EDV in die Organisationsstruktur des Unternehmens sind zwei Gesichtspunkte entscheidend:

- das Datenverarbeitungssystem sollte als Hilfsmittel der Unternehmensführung eingesetzt werden

– ein möglichst integriertes, entscheidungsorientiertes Informationssystem verspricht den größten wirtschaftlichen Nutzen einer Datenverarbeitungsanlage.

Bei der organisatorischen Eingliederung der EDV-Anlage ist daher davon auszugehen, daß von der Aufgabenstellung her die EDV-Abteilung eine Dienstleistungsstelle für das gesamte Unternehmen ist. Aus diesem Grunde ist sie als Stabsstelle, die direkt der Geschäftsleitung unterstellt ist, einzurichten. Die genannten Gesichtspunkte lassen sich ebenfalls realisieren, wenn die EDV in den Stabsbereich Gesamtorganisation eingegliedert wird, der unmittelbar der Geschäftsleitung unterstellt ist. Weniger empfehlenswert ist die Eingliederung der EDV in die Linienfunktionen innerhalb der Organisationsstruktur des Unternehmens oder gar die Angliederung der EDV-Abteilung an eine spezielle Linien-Abteilung. Abb. 32 zeigt die Organisationsstruktur, die am ehesten die wirkliche Entfaltung der Datenverarbeitungsabteilung im Sinne der gesamtunternehmerischen Ziele gewährleistet.

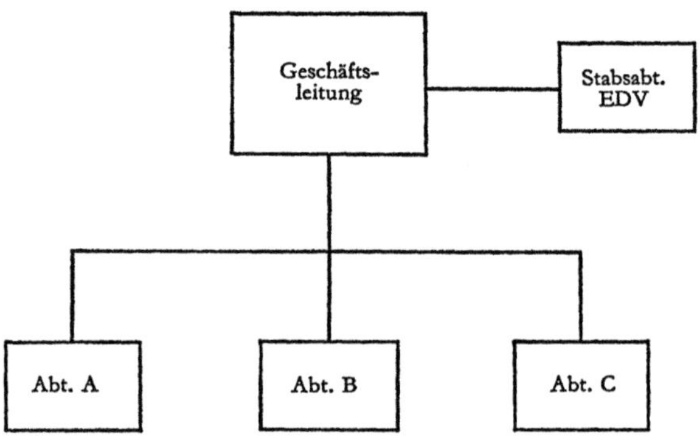

Abb. 32: Eingliederung der EDV in die Unternehmensstruktur

6.2 Raumplanung

Die Raumplanung umfaßt alle Maßnahmen, die sich mit Größe, Zahl, Anordnung, Gestaltung und Einrichtung der benötigten EDV-Räume beschäftigt. In einem ersten Schritt ist der Raumbedarf zu ermitteln. Danach ist die räumliche Aufteilung und Anordnung festzulegen. Schließlich sind die erforderlich werdenden baulichen Maßnahmen und die notwendige Ausstattung der Räume zu planen. Kostenvoranschläge und Zeitschätzungen können hinzugefügt werden. Wir haben es also mit folgenden fünf Punkten zu tun:

1. Der Raumbedarf
2. Die räumliche Anordnung
3. Die baulichen Maßnahmen
4. Die Innenausstattung
5. Kostenvoranschläge und Zeitschätzungen.

Zu 1.: Der Raumbedarf

F. Rohrer macht zum Raumbedarf folgende Angaben (Tab. 16):

Raumbedarf für	Größe in m²
EDV-Anlage	40–500
Datenerfassung	20–150
Zusatzgeräte	20– 30
Lager und Archiv[1]	80–110
Organisatorische Nebenräume[2]	130–200
Sozialraum	20
Wartungsraum	10– 15
Klimaanlage[3]	15– 20
Stromversorgung	30

Tab. 16: Aufschlüsselung des Raumbedarfs

Wenn man von einem Raumbedarf für eine mittlere EDV-Anlage von etwa 70 m² ausgeht, dann ergibt sich ein Flächenbedarf für das gesamte Rechenzentrum in Höhe von durchschnittlich 530 m².

Zu 2.: Die räumliche Anordnung

Für die Anordnung der Räume gilt der oberste Grundsatz, daß die für die erforderliche Kommunikation notwendigen Verbindungen verkehrstechnisch optimal geregelt sein sollen.

Möglichst kurze Wege oder möglichst gute Verkehrsbedingungen müssen für den Fluß der Belege und den Transport des Materials zwischen den Arbeitsstellen geschaffen werden.

Dabei sind auch die Verbindungswege für das Personal zu berücksichtigen. Zugang zur EDV-Anlage selbst sollten nur die an der Anlage unmittelbar beschäftigten Personen und die Rechenzentrumsleitung haben. Außerdem ist der Informations- und Belegfluß zwischen der EDV-Abteilung und den übrigen Abteilungen des Unternehmens zu beachten. Eine Istaufnahme hat es also zunächst mit folgenden Punkten zu tun:

- Welche Belege, Formulare, Materialien usw. müssen bewegt werden?
- Von wo und wohin, welchen Weg nehmen die Informationsträger?
- Wie groß ist die Informationsdichte? Wie oft, wieviel wird bewegt?
- Sind besonders schwere, große, sperrige Gegenstände zu bewegen oder sind besondere Sicherheitsvorkehrungen erforderlich?

[1] Für Vordrucke, Lochkarten, Magnetbänder, -platten, Zwischenlager.

[2] Für Annahme, Abstimmung, Ausgabe, Aufbereitung, Aufenthaltsräume für Operateure, Besprechungs- und Schulungsraum, Räume für Programmierer (5–6 m² je Person). Hier wurde von durchschnittlich 5–10 Programmierern (Analytikern) ausgegangen.

[3] Für eine Zweikreis-Klimaanlage werden 100 m² und mehr angegeben. Vgl. F. Rohrer.

Danach wird die verkehrstechnisch günstigste Anordnung der Räume entsprechend geplant. Die Planung erfolgt in Zusammenarbeit mit den Fachabteilungen, der Herstellerfirma und gegebenenfalls einem Bauträger.

Zu 3.: Die baulichen Maßnahmen
Es muß geprüft werden, ob die vorhandene Raumkapazität in langfristiger Sicht ausreicht und ob die baulichen Voraussetzungen für die Unterbringung einer EDV-Anlage vorhanden sind (z. B. die Deckenbelastbarkeit). Sind diese Voraussetzungen nicht gegeben, wird ein Neubau erforderlich. Bei einem Umbau hätte man mit etwa drei bis vier Monatsmieten einer EDV-Anlage zu rechnen. Die Kosten eines Neubaus hingegen betragen etwa 450 bis 500 DM je Kubikmeter umbauten Raumes.

Zu 4.: Die Innenausstattung
Zur Ausstattung der Räume innerhalb eines Rechenzentrums gehören im wesentlichen folgende Einrichtungen:

- Doppelboden
- Klimaanlage (Wärme- und Luftkonditionierung)
- Stromversorgungsanlage
- Elektrische Zusatzinstallationen
- Büromöbel
- Hilfsmittel wie Regale, Schränke, Kassetten, Transportgeräte
- Fußbodenbeläge.

Interessant sind hierzu folgende Kostenangaben:
Die Klimaanlage kostet etwa 750 bis 1000 DM je Quadratmeter klimatisierter Fläche und die Stromversorgungsanlage etwa 50 000 bis 180 000 DM (ohne oder mit Batterie).

Zu 5.: Kostenvoranschläge und Zeitschätzungen
Nachdem die erforderlich werdenden Maßnahmen zusammengestellt worden sind, werden die verschiedenen Maßnahmeträger (Hersteller, Baufirmen usw.) beauftragt, Kostenvoranschläge zu machen. Aus diesen Angaben läßt sich dann die voraussichtliche Höhe des finanziellen Bedarfs ermitteln.
Damit die einzelnen Maßnahmen auch zeitlich abgestimmt werden können, sind vom jeweiligen Maßnahmeträger auch Angaben über die Dauer der beabsichtigten Arbeiten anzufordern. Dann erfolgt die zeitliche Abstimmung und die Festsetzung der Termine. Der Zeitbedarf für die geplanten Maßnahmen läßt sich grafisch veranschaulichen. Dabei werden die einzelnen Teilabschnitte untereinander notiert. In die Spalten daneben kommen die Terminangaben. Die Dauer der jeweiligen Maßnahme wird durch einen waagerechten Strich angedeutet.

6.3 Zeitplanung

Über Zeitplanung ist in den vorangegangenen Kapiteln schon mehrfach gesprochen worden. Dort ging es im wesentlichen um die zeitliche Bestimmung der einzelnen Planungsphasen des Projektes und um die Auslastungsplanung der EDV-Anlage. Im Kapitel 4 hatten wir die Gesamtlaufzeit je Monat für alle Programmläufe abgeschätzt. Hier geht es darum, die Laufzeiten der einzelnen Programme auf die Kalendertage zu verteilen. Dabei müssen die vorgegebenen Termine berücksichtigt werden. Das Ergebnis ist ein Zeitplan für die Durchführungsphase des Projektes, worin die Programmläufe über mehrere Perioden hinweg je Tag vermerkt sind.
Dazu werden als erstes die Programmläufe nach Perioden geordnet. Es ist also zwischen Programmen mit täglicher, wöchentlicher, monatlicher, jährlicher oder unregelmäßiger Laufzeit zu unterscheiden. Als nächstes sind die Programmläufe pro Tag auf den Kalendermonat zu verteilen. Vorläufige Uhrzeiten können festgelegt werden.
Bei der Vergabe der Termine sollte eine Reserve von etwa 30 bis 40 % eingeplant werden. Bei einem Ein-Schicht-Betrieb stehen als Dauerbelastung also pro Tag etwa 6 Stunden, im Monat also rund 120 Stunden zur Verfügung. Der Rest von etwa 60 Stunden im Monat verteilt sich wie folgt (Tab. 17):

Restzeit	Anteil je Monat in Stunden
Wartung (geplant, ungeplant)	14–16
Eingabefehler	10
Programmfehler und Maschinenstörungen	8
Irrtümer der Maschinenbedienung	2
Austesten neuer oder geänderter Programme	12–14
Unüberbrückbare Stillstandszeiten	10–14
Summe	56–64

Tab. 17: Aufschlüsselung der monatlichen Restzeit

Auch muß ein Ausgleich für eventuell auftretende Spitzenbelastungen berücksichtigt werden. Hinzu kommen besondere Belastungen in der Umstellungsphase. Hierzu gehören überdurchschnittlich hohe Testzeiten, Parallelläufe und Umwandlungsläufe. In der Testphase werden durchschnittlich je Programmierer und Tag 20 bis 30 Minuten für Testzwecke anzusetzen sein.
Die monatlichen Laufzeiten je Kalendertag können grafisch dargestellt werden. Dadurch ist es möglich, Über- und Unterbelastungen besser zu erkennen.
Von der Zeitplanung ist die Zeiterfassung zu unterscheiden. Zeitplanung ist eine Vor-

ausschau, Zeiterfassung dagegen eine nachträgliche Aufzeichnung (Protokollierung) der Arbeitsgänge am EDV-System.
Die Programmläufe oder Jobs werden untereinander notiert und jeweils mit Angaben über Dauer, Start- und Stopzeiten und Namen des verantwortlichen Maschinenbedieners versehen. Diese Aufzeichnungen haben mehrere Funktionen. Sie dienen als Arbeitsnachweis, als Unterlagen für das Rechnungswesen, als Arbeitskontrolle und als Nachweis für Fehlzeiten.
Stillstandszeiten sind grundsätzlich zu vermeiden. Es sollte versucht werden, hierbei eine flexible Regelung zu treffen. Nicht benötigte Maschinenstunden können anderen Unternehmen gegen Entgelt zur Verfügung gestellt werden. Um jedoch bei Maschinenausfällen keine unnötigen Schwierigkeiten zu bekommen, sollten vorher die Prioritäten festgelegt werden.
In gleicher Weise kann auch die Datenerfassung in die Zeitplanung und in die Zeiterfassung mit einbezogen werden. Hierbei sind Beleganfall im Zeitablauf und die zur Verfügung stehende, durchschnittliche Arbeitskapazität oder Arbeitsbelastung der Erfassungskräfte aufeinander abzustimmen. Als durchschnittliche Lochleistung kann mit etwa 3000 bis 7000 Anschlägen je Stunde oder mit rund 100 bis 200 Lochkarten je Stunde gerechnet werden.

6.4 Installation und Umstellung

Bevor die Durchführungsphase eines EDV-Projektes beginnt, müssen einerseits eine betriebsbereite Datenverarbeitungs-Anlage und andererseits ausgetestete und umgewandelte Programme zur Verfügung stehen. Die Installation umfaßt drei Arbeitsvorgänge:

1. Aufstellen der DV-Anlage
2. Test auf Funktionsfähigkeit
3. Übergabe der betriebsbereiten Anlage.

Die DV-Anlage wird entweder vom Hersteller selbst oder von Spezialfirmen zu ihrem Standort transportiert. Kostenträger hierfür ist normalerweise der Benutzer. Der Abschluß einer Transportversicherung ist zweckmäßig. Die Kosten für die Installation einschl. Transport werden auf etwa ein bis anderthalb Monatsmieten geschätzt.
Damit nicht nur die EDV-Anlage startbereit ist, sondern auch die übrigen Einsatzfaktoren rechtzeitig zur Verfügung stehen, muß die Installation sorgfältig vorbereitet werden. Vor der Installation einer Anlage sind daher im wesentlichen folgende Fragen zu klären:

– Aufgaben- und Arbeitsverteilung eindeutig bestimmt, Anweisungen zur Gewährleistung eines normalen Arbeitsablaufes sowie zur Behebung möglicher Störungen gegeben?

– Vorbereitende Schulungs- und Einweisungsmaßnahmen getroffen?
– Überwachung und Kontrolle des Arbeitsablaufes innerhalb der DV-Abteilung gewährleistet?
– Regelmäßige Beschaffung und Lagerung der Datenträger geregelt?
– Koordination zwischen Datenaufbereitung, -erfassung, -übertragung, -verarbeitung und -auswertung sowohl zeitlich als auch organisatorisch lückenlos?
– Reihenfolge der auf die Anlage zu übernehmenden Arbeiten bestimmt?
– Zeitplan für die tägliche Nutzung der Anlage über mehrere Perioden fertig?
– Programmabstimmung (bei Mehrfachverarbeitung) vorgenommen und Bedienungserfordernisse je Programm vorhanden?
– Information des Personals über Installation und Umstellung erfolgt?

Um nach Einführung des Projektes einen reibungslosen Ablauf ohne hohe Stillstandszeiten bei der maschinellen Verarbeitung zu garantieren, ist also schon vorher ähnlich einem Planungsspiel gedanklich zu prüfen, ob innerhalb des vorgesehenen Sollabaufs

a) der benötigte Faktoreinsatz zum gewünschten Zeitpunkt bereitsteht und
b) das Zusammenspiel zwischen den verschiedenen Einsatzfaktoren gesichert ist.

Nach der Installation der DV-Anlage beginnt die Phase der *Umstellung*. Dazu gehören

1. Die Übernahme der Dateien

Je nach Organisationsstand kann das eine Erstübernahme von bisher manuell erstellten Karteien und Listen auf Lochkarten, Magnetbänder, -platten oder andere Datenträger bedeuten. Oder es handelt sich um ein Umschreiben von bereits auf Datenträgern gespeicherten Daten ggf. unter Berücksichtigung eines neuen Betriebssystems. Entsprechende Systemzeiten für die einmaligen Übernahmearbeiten sind einzuplanen.

2. Parallel- oder Probeläufe?

Echte Daten stammen entweder aus gerade zurückliegenden Perioden oder aus dem jeweils laufenden Monat. Durch die Parallel- oder Probeläufe können die echten Daten mit den Ergebnissen aus der neuen Organisation verglichen werden. Bei auftretenden Fehlern sind dann entsprechende Programmkorrekturen vorzunehmen. Besondere Sicherheitsbedürfnisse lassen mitunter Parallelläufe von bis zu einem Jahr erforderlich werden. Da in dieser Zeit die bisher benutzten Karteien, Listen usw. fortgeführt und die alte Organisation im wesentlichen aufrechterhalten werden müssen, entstehen durch den Parallelbetrieb erhebliche Kosten. Man wird daher bemüht sein, diese Zeit so knapp wie möglich zu bemessen. Im Durchschnitt ist allerdings mit ein bis drei Monaten zu rechnen.
Sobald ein einwandfreier Programmlauf gewährleistet werden kann, erfolgt die endgültige Übergabe der Programme. Die letzten, sich aus der neuen Organisation erge-

benden Änderungen wie Personalumbesetzungen, Veräußerung von maschinellen Anlagen, Räumungen usw. können jetzt vorgenommen werden.
Es ist weiterhin zu beachten, daß das Personal erst eine Phase der Einführung durchlaufen muß. Datenerfassungskräfte müssen sich an neue Formulare, Maschinen und Arbeitsbedingungen gewöhnen. Sachbearbeiter werden mitunter einen gewissen inneren Widerstand gegen die neue Organisation überwinden müssen. Dadurch bedingte Zeitverzögerungen und Störungen werden jedoch meistens nach einigen Wochen verschwinden.
Schließlich ist die Dokumentation zu vervollständigen. Jedes fertig getestete Programm sollte vollständig dokumentiert vorliegen, so daß spätere Programmänderungen auch durch Dritte nach kurzer Einarbeitungszeit möglich sind (vgl. hierzu Kapitel 5.8).
Den Abschluß einer Projektplanung bildet der Nachbericht. In ihm werden die geplanten und die nunmehr realisierten Daten miteinander verglichen und die Abweichungen festgestellt. Letztere ergeben sich sehr häufig durch Aufgabenerweiterungen gegenüber dem ursprünglichen Konzept. Aber auch Informationslücken, Kommunikationsschwierigkeiten, mangelnde Erfahrungen, organisatorische Fehlplanungen und ungenügende Hilfsmittel können als Ursachen in Betracht kommen. Neben der Möglichkeit einer Überprüfung der vorliegenden Ergebnisse bietet die abschließende Auswertung und Beurteilung der gewonnenen Erfahrungen eine gute Basis für die Planung des nächsten Projekts.

Literaturverzeichnis

Bereska, D., Die Organisation der betrieblichen Datenverarbeitung, München 1967.
Bisani, F., Datenverarbeitungspraxis für Führungskräfte, München 1970.
Chandor, A., Graham, J., Williamson, R., Practical Systems Analysis, London 1969.
Chapin, N., Einführung in die elektronische Datenverarbeitung, Wien und München 1967.
Daniels, A., Yeates, D., Erbach, K., Grundlagen der Systemanalyse, Köln 1971.
Dippel, G., Informations Systems, Glenview, Illinois 1969.
Flores, I., Computer Organization, Englewood Cliffs 1969.
Futh, H., EDV-Organisation, Band 1, Entwicklung eines EDV-Systems, München/Wien 1970.
Handbuch der automatischen Datenverarbeitung für die gesamte betriebliche Praxis, München 1970.
Heilmann/Reblin, Einsatzplanung für eine Datenverarbeitungsanlage, Stuttgart 1968.
Herholz, H., Mit Datenverarbeitung organisieren, München 1970.
Ders., Datenverarbeitung heute, Köln 1969.
Hopeman, R. J., Systems Analysis and Operations Management, Ohio 1969.
Huhn, G., Datenverarbeitung. Aufbau, Wirkungsweise und Nutzung elektronischer Datenverarbeitungsanlagen, Opladen 1969.
Laurie, E. J., Modern Computer Concepts, Cincinatti 1970.
Meffert, H., Systemtheorie aus betriebswirtschaftlicher Sicht, in: K. E. Schenk (Hrsg.), Systemanalyse in den Wirtschafts- und Sozialwissenschaften, Berlin 1971.
Mertens, P., Industrielle Datenverarbeitung, Wiesbaden 1969.
Müller-Lutz, Automation der Büroarbeiten, Karlsruhe 1968.
Ortner, G. E., Optimierungskriterien in der Organisation der betrieblichen Datenverarbeitung, Berlin 1971.
Parisini, E., und *Wächter, O.*, Organisationshandbuch für die Einführung von ADV-Systemen, Berlin 1971.
Rothery, B., The Art of Systems Analysis, London 1969.
Sommer, W., Handbuch für Organisation, Berlin 1971.
Vieweg, R., Datenverarbeitung und Management, Frankfurt/M. und Berlin 1969.
Wedekind, H., Datenorganisation, Berlin 1970.
Weide, E., Automatische Datenverarbeitung im Betrieb, Bad Homburg 1967.

Sachverzeichnis

Otto H. Poensgen
Geschäftsbereichs-organisation

1973. 632 Seiten. Kart. DM 49,–. Leinen DM 66,–.

Poensgen legt das erste umfassende Lehrbuch zu dem Komplex „Geschäftsbereichsorganisation" vor – eine Organisationsform, die sich auch in Deutschland zunehmend ausbreitet.
Aus Aktionärsbriefen, Geschäfts- und Hauptversammlungsberichten geht hervor, daß sich eine Reihe – meist großer – Aktiengesellschaften in den letzten Jahren auf die sogenannte vertikale Gliederung, Geschäftsbereichsorganisation oder divisionale Struktur, umgestellt haben.
Unter der neuen Struktur erfolgt die Gliederung nach Märkten und technologischen Gemeinsamkeiten. Die Geschäftsbereiche erhalten eine selbständige Führung, die für Produktion, Absatz und meist eine Reihe wesentlicher Unternehmensfunktionen zuständig ist, so daß eine eindeutige Ergebnisverantwortung und -kontrolle ermöglicht wird.
Poensgen setzt sich mit der neuen Struktur auseinander: ihren Zielen, der Art der Verwirklichung, den dabei auftretenden Problemen und ihren Lösungsmöglichkeiten.

Westdeutscher Verlag

GPSR Compliance

The European Union's (EU) General Product Safety Regulation (GPSR) is a set of rules that requires consumer products to be safe and our obligations to ensure this.

If you have any concerns about our products, you can contact us on ProductSafety@springernature.com

In case Publisher is established outside the EU, the EU authorized representative is:

Springer Nature Customer Service Center GmbH
Europaplatz 3
69115 Heidelberg, Germany

Batch number: 10577876

Printed by Printforce, the Netherlands